数据结构解析与基础实验教程

彭　珍　洪子涛　苏　艳　编著

電子工業出版社
Publishing House of Electronics Industry
北京 • BEIJING

内 容 简 介

本书介绍了常用数据的逻辑结构、存储结构，以及对数据的操作，共 7 章，主要内容包括数据结构概述和线性表、栈与队列、树与二叉树、图等数据结构，以及查找和排序。每章先给出内容架构，再对实现进行比较，最后给出具体实验，逻辑清晰，贯通一体。实验使用 Java 语言完成，在实验目的、内容与步骤的基础上，给出实验答案。在对各类操作的实现进行介绍时，注重实际应用，便于教学组织和实践操作。

本书既可作为大学信息类专业的教材，也可作为相关研究人员的自学教材或参考书。

图书在版编目（CIP）数据

数据结构解析与基础实验教程 / 彭珍，洪子涛，苏艳编著.—北京：电子工业出版社，2023.2
ISBN 978-7-121-44779-2

Ⅰ. ①数…　Ⅱ. ①彭…　②洪…　③苏…　Ⅲ. ①数据结构－高等学校－教材　Ⅳ. ①TP311.12

中国版本图书馆 CIP 数据核字（2022）第 249171 号

责任编辑：王　群
印　　刷：天津千鹤文化传播有限公司
装　　订：天津千鹤文化传播有限公司
出版发行：电子工业出版社
　　　　　北京市海淀区万寿路 173 信箱　邮编：100036
开　　本：720×1000　1/16　印张：8.25　字数：146 千字
版　　次：2023 年 2 月第 1 版
印　　次：2023 年 2 月第 1 次印刷
定　　价：68.00 元

凡所购买电子工业出版社图书有缺损问题，请向购买书店调换。若书店售缺，请与本社发行部联系，联系及邮购电话：（010）88254888，88258888。

质量投诉请发邮件至 zlts@phei.com.cn，盗版侵权举报请发邮件至 dbqq@phei.com.cn。
本书咨询联系方式：wangq@phei.com.cn，910797032（QQ）。

前言

Preface

“数据结构”在信息学科中是一门重要的专业基础课程，是程序设计课程的重要理论基础。读者通过对数据结构解析与基础实验的学习，不仅能够全面掌握数据结构的基本内容，厘清其中的逻辑思路，而且通过相应实验的操作、训练，可以掌握算法的时间分析和空间分析技术，掌握如何运用各种数据结构解决应用问题。

全书共 7 章，第 1 章阐述数据结构的内容架构、算法的时空复杂度、数据结构概述实验；第 2～5 章主要讨论数据的逻辑结构与存储结构，包括线性表、栈与队列、树与二叉树、图等数据结构应用及其实验；第 6 章和第 7 章主要讨论对数据的复杂操作，即程序设计中大量存在的查找和排序。书中每个章节都附有实验目的和上机实验内容，便于教学组织，而且有助于学生应用能力的培养和提高。

书中采用的是 Java 语言，相关内容均可在计算机上运行与调试。

本书参考教学时间为 18～24 学时。

本书由彭珍、洪子涛、苏艳编著，其中，彭珍负责第 1～7 章中内容架构与实现比较的编写，以及全书的内容设计与校验、统稿工作；洪子涛负责第 5 章和第 7 章的实验内容及第 1～7 章的实验运行过程与答案的编写，苏艳负责

第1～4章、第6章实验内容的编写。

由于编著者水平有限，书中难免存在错误之处，恳请读者批评指正。

彭 珍

2022年3月

目录

Contents

第 1 章

数据结构概述

瑞士计算机科学家、图灵奖获得者尼克劳斯·威茨提出了一个著名的论断：数据结构+算法=程序（Data Structures + Algorithms = Programs），由此可见，数据结构在计算机等相关领域中占有重要地位。

程序的整体结构如图 1-1 所示，数据结构包括数据的逻辑结构、数据的存储结构和对数据的操作；算法包括算法设计、算法实现及对算法时间复杂度、空间复杂度的分析。数据结构与算法相辅相成，对数据的操作依赖算法，而数据的逻辑结构决定了算法设计，数据的存储结构决定了算法实现，算法设计指导算法实现。

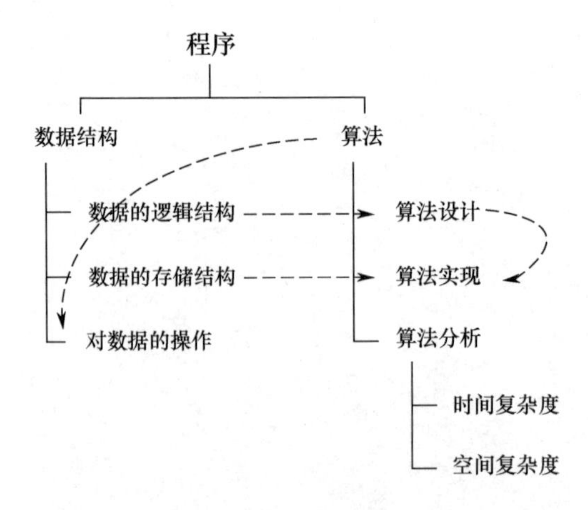

图 1-1　程序的整体结构

1.1　数据结构的内容架构

数据的逻辑结构主要有线性结构、树、图，数据的存储结构包括顺序存储、链式存储及顺序与链式集成，对数据的操作可以分为初始化等基本操作、遍历和查找等复杂操作，以及求最短路径等高级操作，如图 1-2 所示。

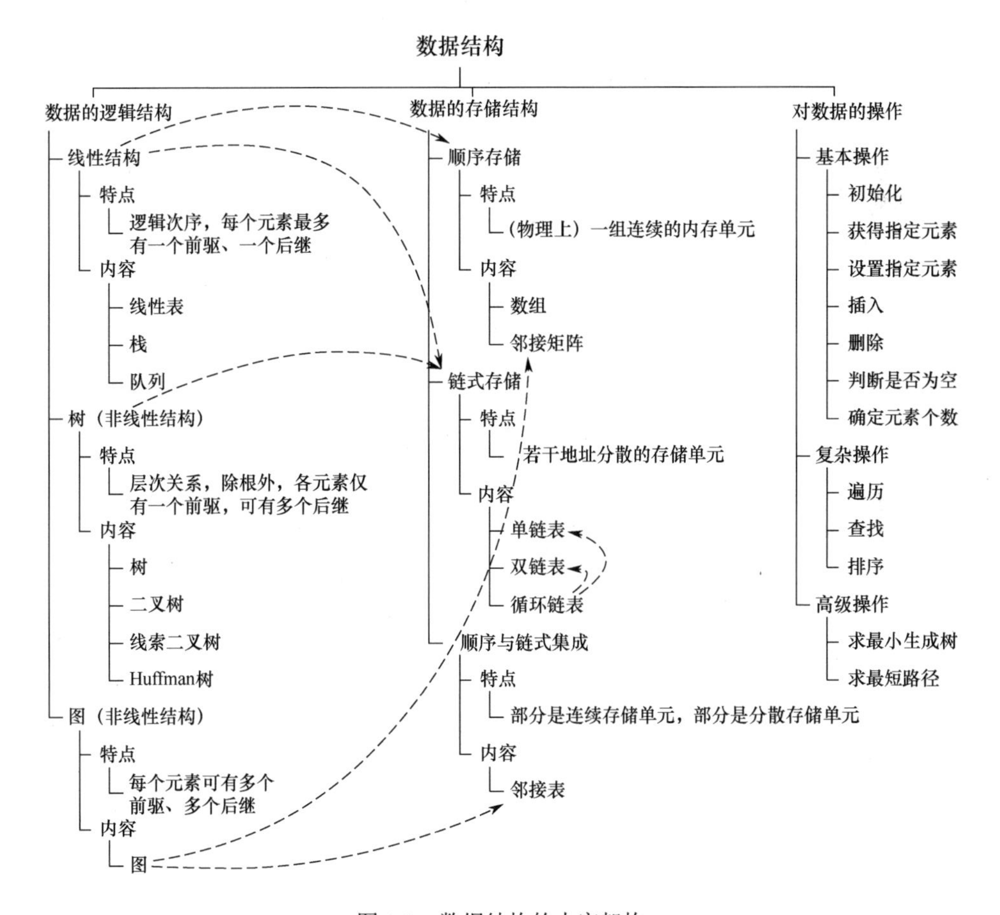

图 1-2　数据结构的内容架构

1.2 算法的时空复杂度

每种算法都可从时间复杂度（Time Complexity）和空间复杂度（Space Complexity）两方面分析，两者对比如表 1-1 所示。

表 1-1 时间复杂度与空间复杂度对比

类型	时间复杂度	空间复杂度
定义	算法的渐进时间复杂度	所耗费的存储空间
表示法	大 O 符号表示法； $T(n)=O(f(n))$，其中 $f(n)$ 为每行代码执行次数之和，O 表示正比例关系； 一般表现为“循环的次数”	大 O 符号表示法； $S(n)=O(f(n))$，其中 $f(n)$ 为语句关于 n 所占存储空间的函数； 一般表现为“额外申请空间的大小”和“递归的深度”
常见形式及其关系	$O(1)<O(\log_2 n)<O(n)<O(n\log_2 n)<O(n^2)<O(n^3)<\cdots<O(2^n)<O(n!)$	$O(1)<O(n)<O(n^2)$
步骤	(1)找出算法中的基本语句； (2)计算基本语句的执行次数/临时占用空间的数量级； (3)用大 O 符号表示算法的时间/空间性能	

举例	for (i=1; i<=n; i++)
	  x++;
	for (i=1; i<=n; i++)
	  for (j=1; j<=n; j++)
	    x++;
	解析：第一个 for 循环的时间复杂度为 $O(n)$，第二个 for 循环的时间复杂度为 $O(n^2)$，整个算法的时间复杂度为 $T(n)=O(n+n^2)=O(n^2)$
		int[] m = new int[n]
		for(i=1; i<=n; ++i){
		    j = i;
		    j++;
		}
		解析：第 1 行创建（new）了一个数组，占用的大小为 n，第 2～5 行虽然有循环，但没有分配新空间，因此空间复杂度主要看第 1 行，即 $S(n)=O(n)$

1.3　数据结构概述实验

1.3.1　实验目的

（1）能够使用 JCreator 开发环境编辑、编译、运行 Java 程序。

（2）知晓数据结构的构成。

（3）能够运用程序调试技术发现、分析程序中的错误。

1.3.2　实验步骤与结果

1. 开发环境的安装与配置

这里主要包括 4 部分内容：JDK 安装与配置、JCreator 安装、创建项目、创建程序。

1）JDK 安装与配置

在安装 JCreator 之前，需要下载并安装 JDK，如果系统已安装 JDK，此部分可以忽略。

进入 Oracle 官方网站 JDK 安装包下载页面，下载对应的安装包，如果计算机是 64 位，下载的安装包为 Windows x64。下载结果为 jdk-8u271-windows-x64.exe，双击文件开始安装，按照安装引导，依次进行。

第一步，开启安装引导。如图 1-3 所示，单击“下一步”，开始安装；进入如图 1-4 所示界面，默认安装路径为“C:\Program Files\Java\jdk1.8.0_271\”，建议不做修改，单击“下一步”。

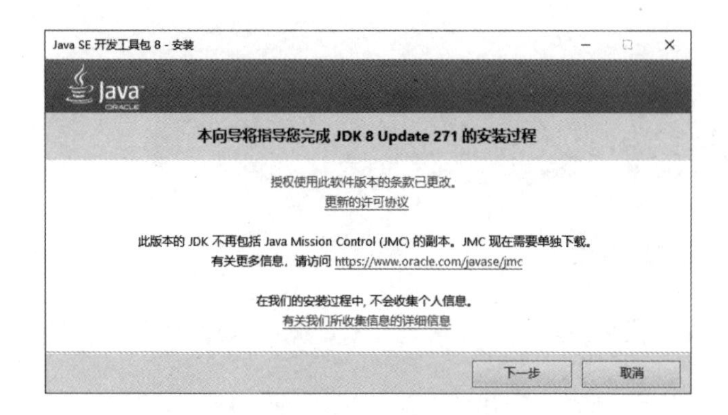

图 1-3　安装引导

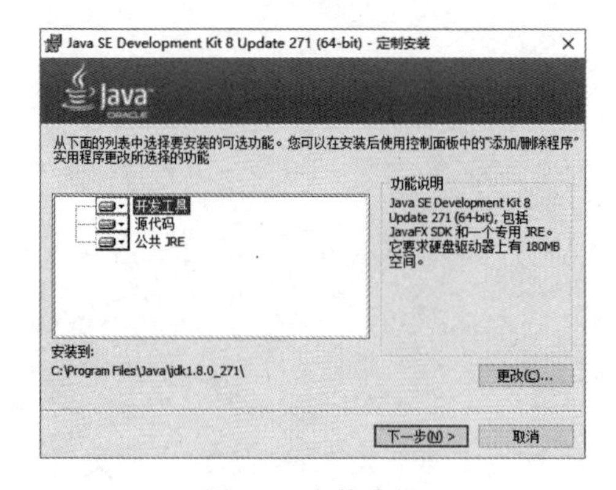

图 1-4　安装路径

第二步，确认安装目标文件夹，如图 1-5 所示，单击“下一步”，开始安装程序，如图 1-6 所示，安装成功界面如图 1-7 所示。

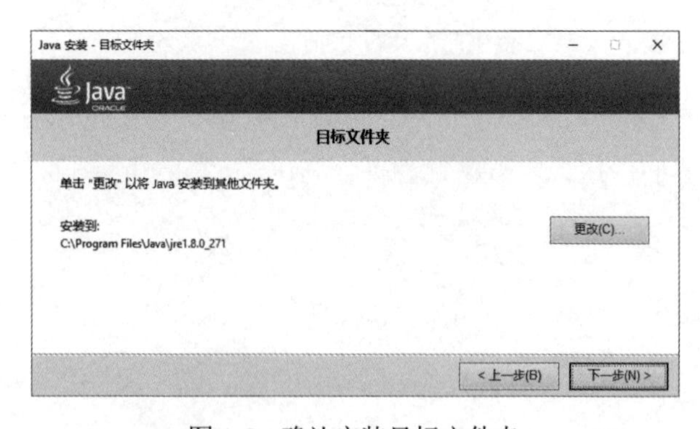

图 1-5　确认安装目标文件夹

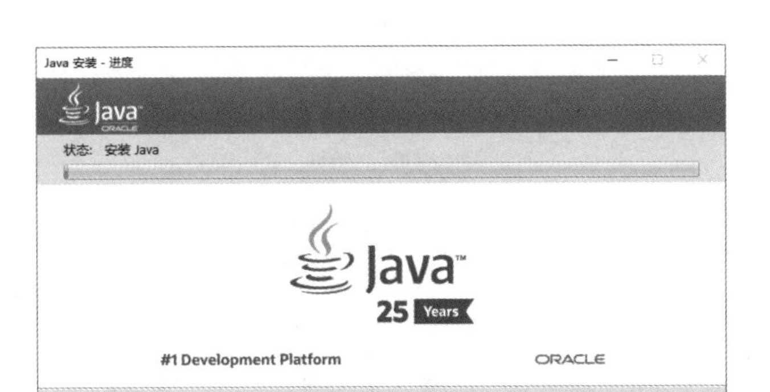

图 1-6　开始安装

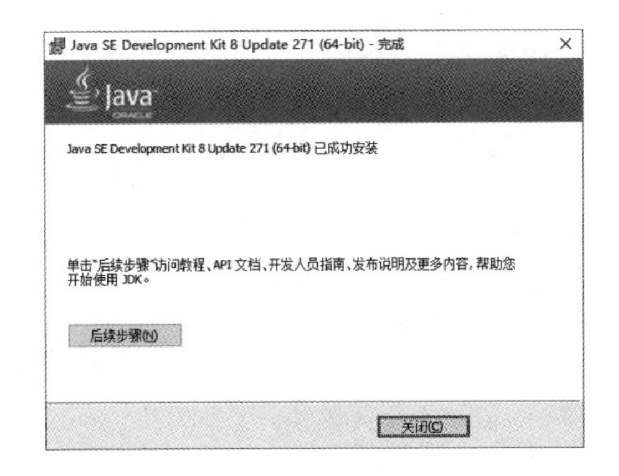

图 1-7　安装成功

第三步，配置环境变量。右键单击“此电脑”，如图 1-8 所示，单击“属性”，进入系统属性界面，如图 1-9 所示，然后选择“高级系统设置—>环境变量”。

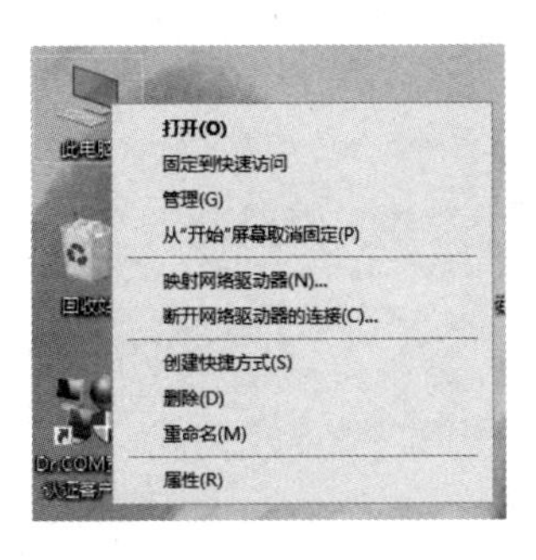

图 1-8　配置环境变量

图 1-9　系统属性[1]

第四步，设置路径。在“系统变量（S）”中找到“Path”，如图 1-10 所示，单击“编辑”，进入如图 1-11 所示的界面，在“编辑环境变量”中，单击“新建”，如图 1-12 所示，输入安装 JDK 的地址，即“C:\Program Files\Java\jdk1.8.0_271”。

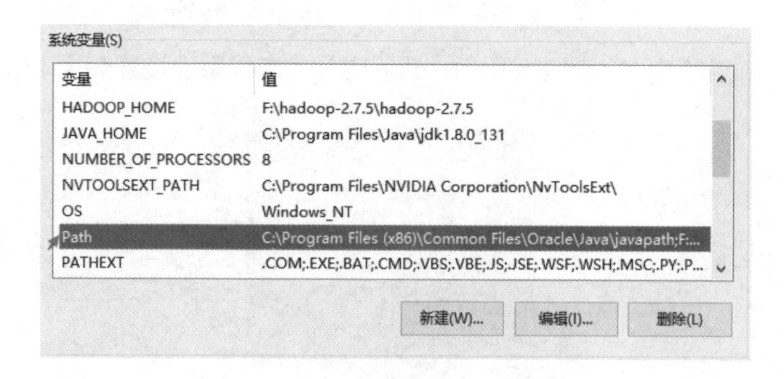

图 1-10　系统变量

[1] 图中“帐户”应写作“账户”。

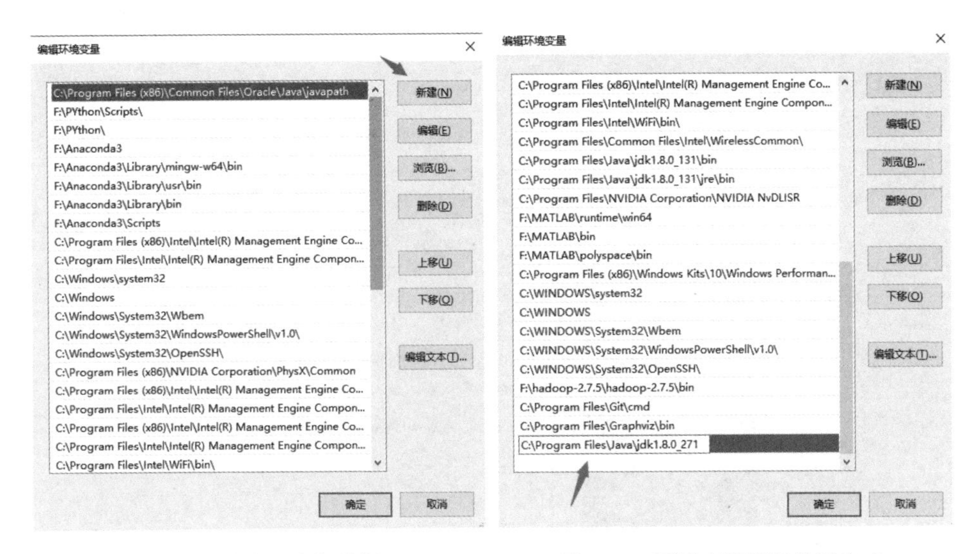

图 1-11　环境变量路径编辑　　　　图 1-12　环境变量路径设置完成

第五步，安装配置测试。按“win+R”键进入运行窗口，输入 cmd，进入 DOS 窗口，并输入 javac，若显示如图 1-13 所示的内容，说明 JDK 已经安装好，并且环境变量已经配置好。

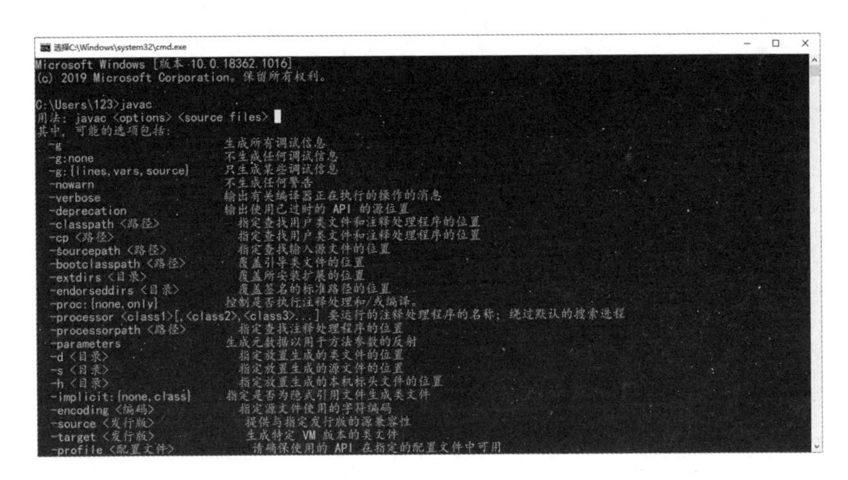

图 1-13　安装配置测试

2）JCreator 安装

下载 JCreator 安装程序，双击下载的文件，开始安装，按照安装向导，依次进行。

第一步，开启安装向导。如图 1-14 所示，建议关闭其他应用程序，单击“Next”。

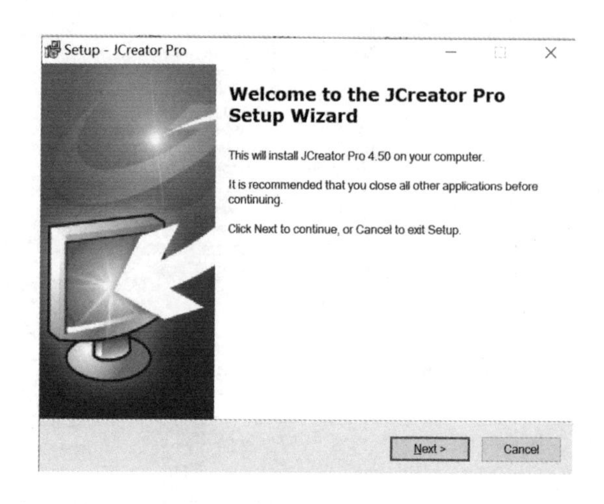

图 1-14　JCreator 安装向导

第二步，接受协议。如图 1-15 所示，选择第一项“I accept the agreement”，单击“Next”。

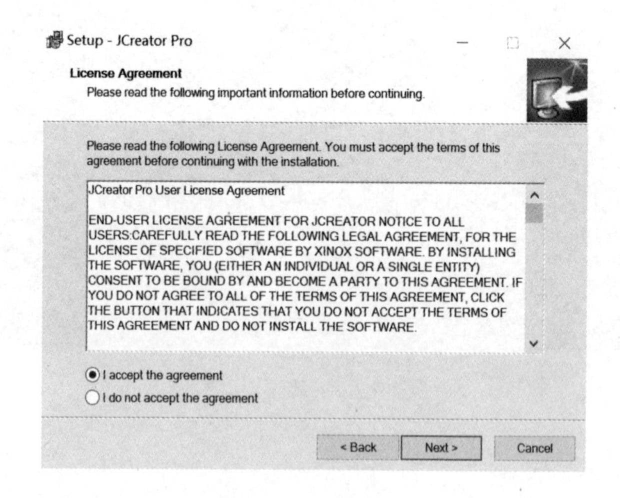

图 1-15　接受协议

第三步，选择安装位置。如图 1-16 所示，可默认安装位置，也可通过“Browse...”选择或设置，单击“Next”。

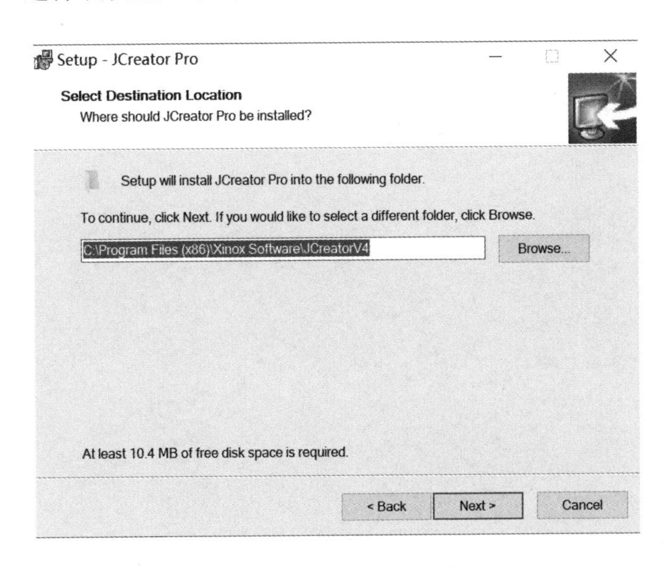

图 1-16　选择安装位置

第四步，创建文件夹。如图 1-17 所示，可以修改文件夹名称，单击“Next”。

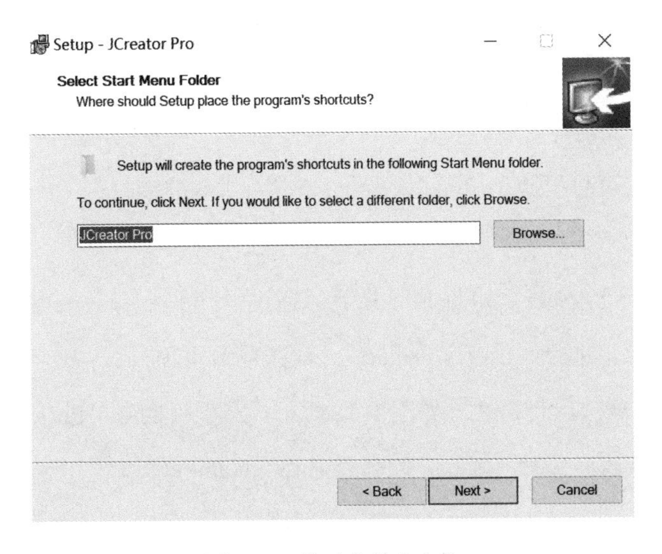

图 1-17　修改文件夹名称

第五步，选择其他任务项。图 1-18 中的两个可选项分别对应创建桌面图标和快捷方式。

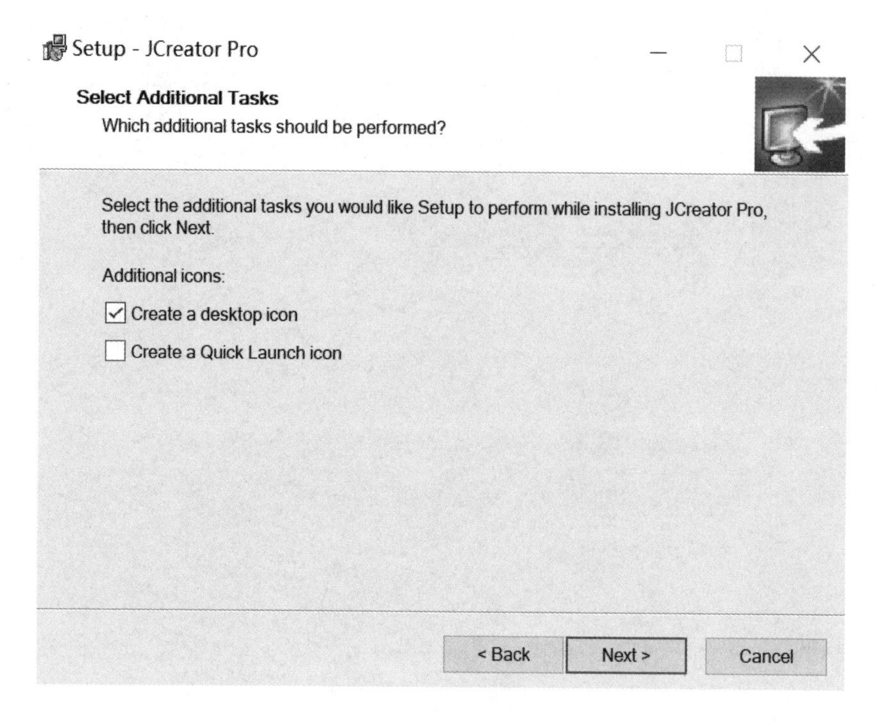

图 1-18　创建桌面图标

在前面五步设置好后，正式开始安装程序。在安装成功后，桌面上会生成图标，双击可打开 JCreator 程序界面，进入“创建项目”。

3）创建项目

第一步，新建项目。如图 1-19 所示，通过“File—>New—>Project” 进入，如图 1-20 所示，选择“Empty Project”，创建一个空项目。

第二步，确认项目路径。如图 1-21 所示，在项目向导“Project Wizard”中确认（选择/默认）路径（Path）和项目名称（Name）。

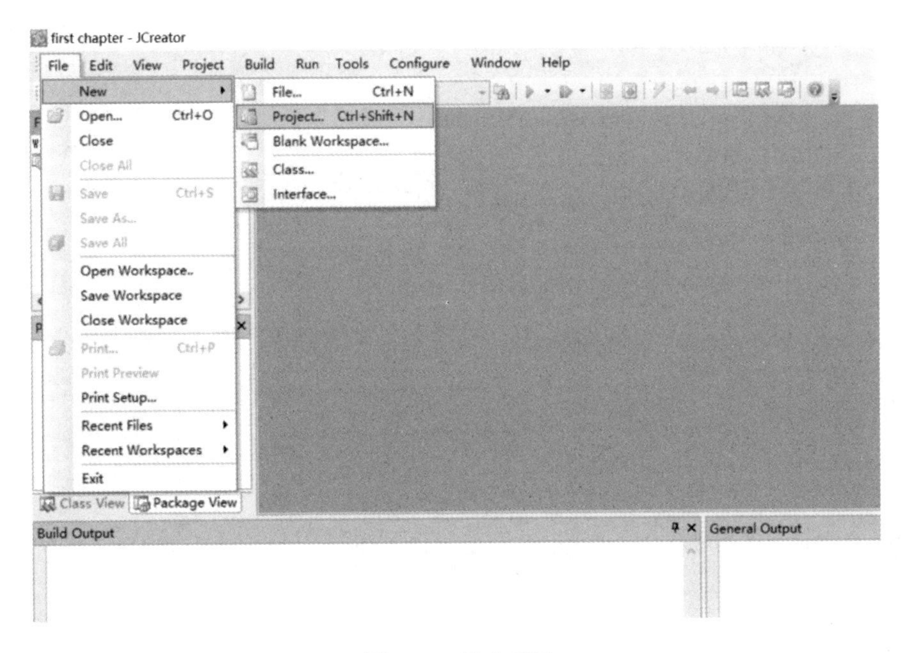

图 1-19　新建项目

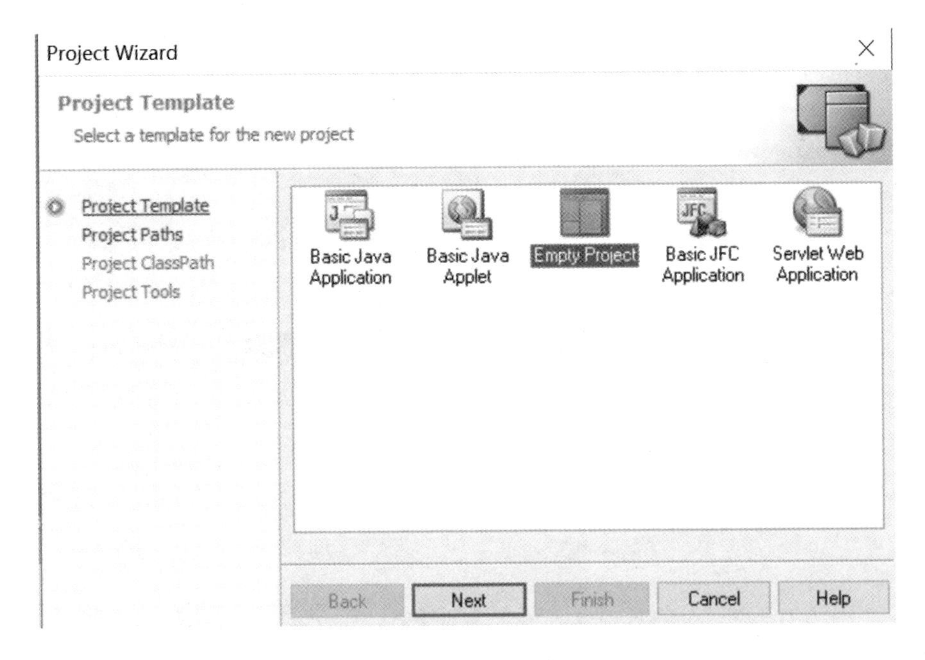

图 1-20　选择空项目

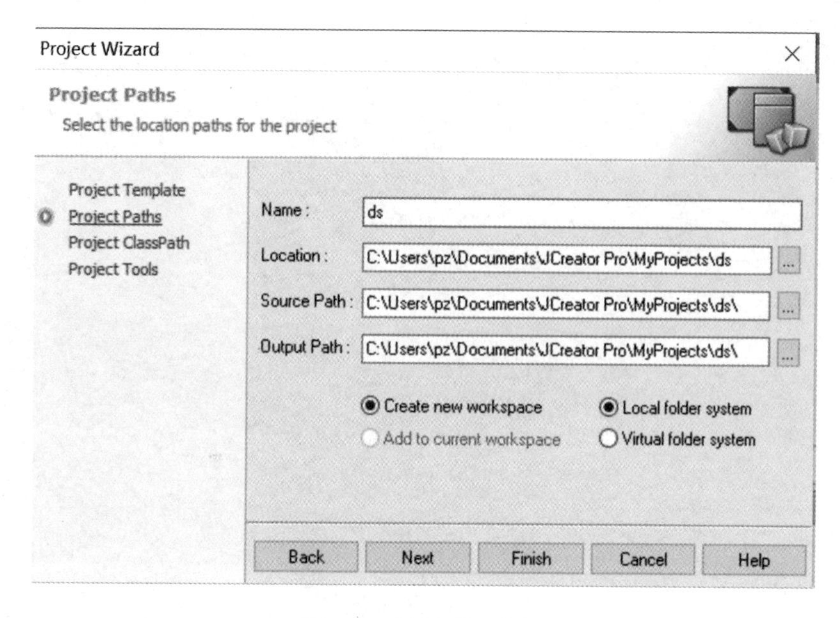

图 1-21　确认项目路径

第三步，选择 JDK。如图 1-22 所示，选择之前的 JDK 安装位置“C:\Program Files\Java\jdk1.8.0_271” 或默认已安装的 JDK。

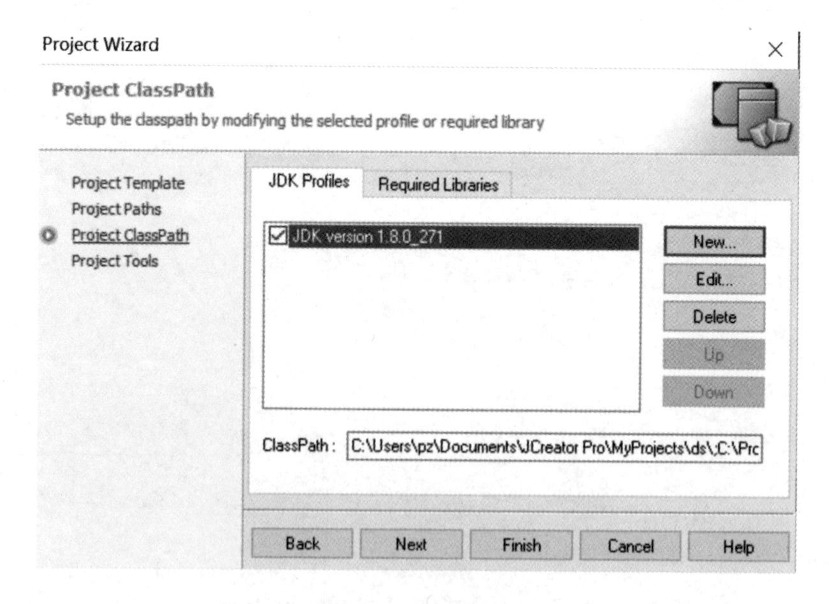

图 1-22　选择 JDK

第四步，完成项目安装。如图 1-23 所示，单击“Finish”。打开程序界面，进入“创建程序”。

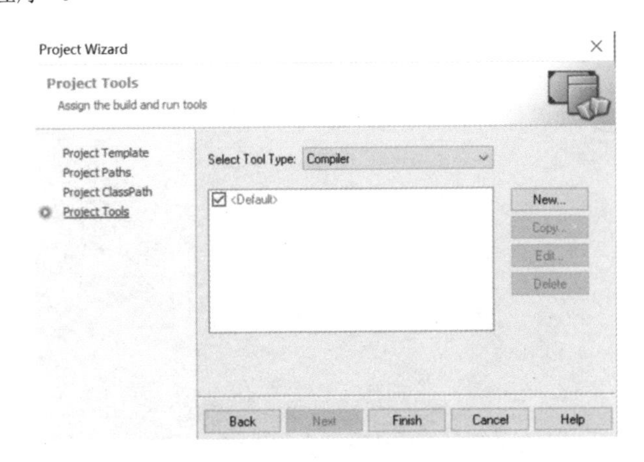

图 1-23　完成项目安装

4）创建程序

以线性表为例，介绍如何在工程下创建程序文件。

第一步，创建 package。

如图 1-24 所示，鼠标指向工程 ds，单击鼠标右键，在快捷菜单中选择“Add—>New Folder”。

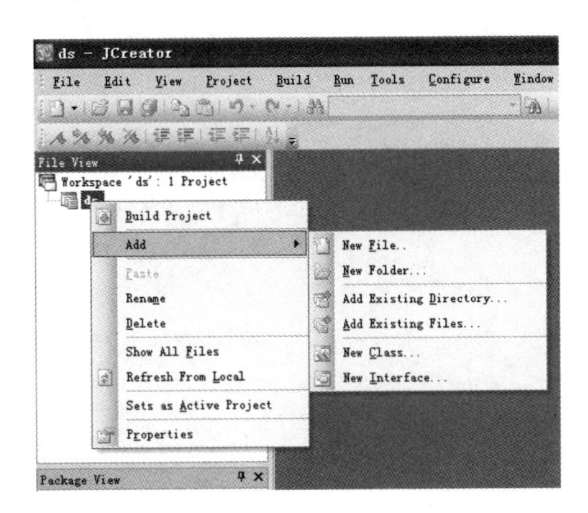

图 1-24　创建 package

新建文件夹 dataStructure：如图 1-25 所示，在弹出的对话框中输入文件夹名 dataStructure，单击“OK”。如图 1-26 所示，在文件视图（File View）中可以看到创建完成的文件夹。

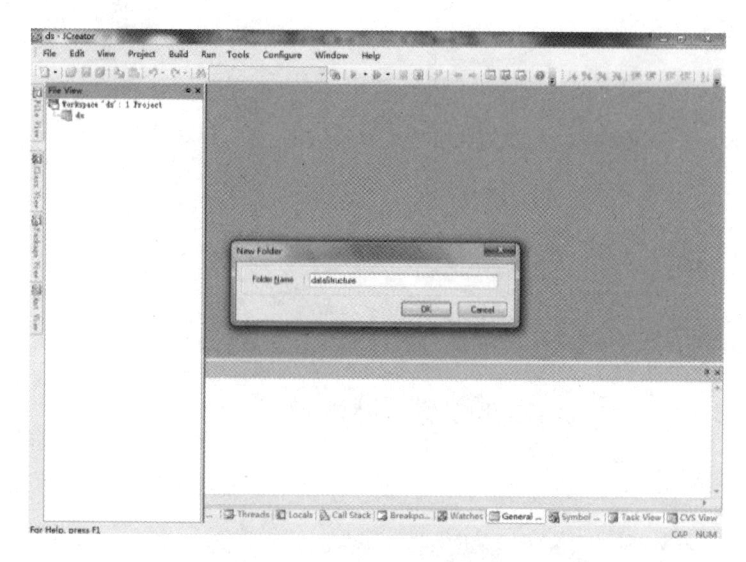

图 1-25　命名新建 package

图 1-26　新建 package 界面

第二步，创建程序文件夹。

在 dataStructure 文件夹中新建文件夹 linearList：如图 1-27 所示，鼠标指向文件夹 dataStructure，单击鼠标右键，在快捷菜单中选择“Add—>New Folder”。

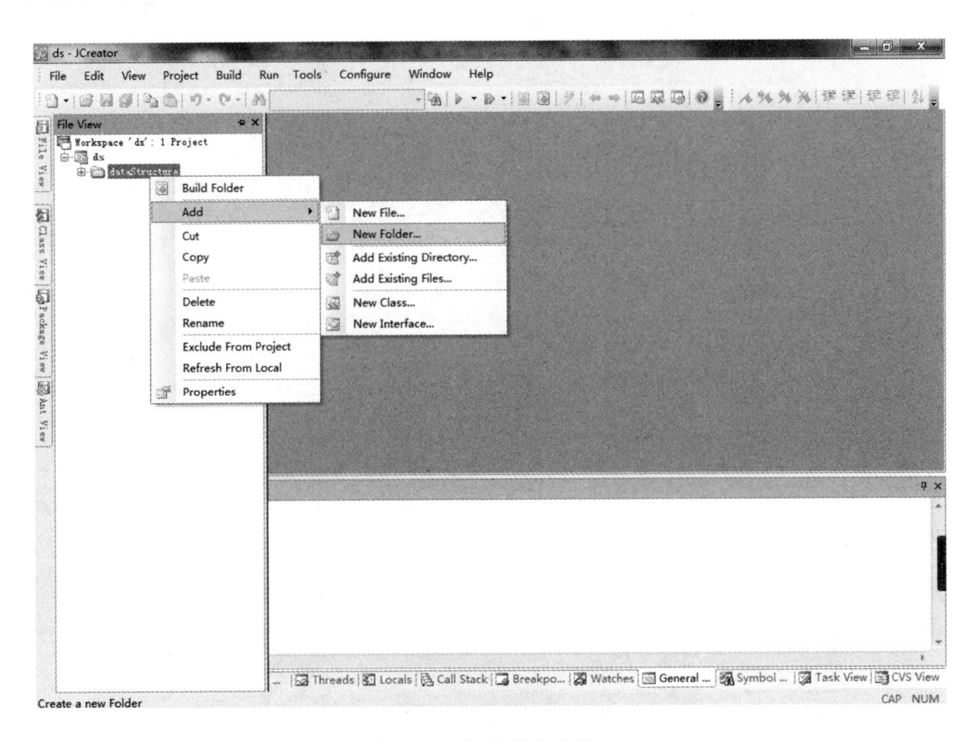

图 1-27　创建程序文件夹

如图 1-28 所示，在弹出的对话框中输入文件夹名 linearList，单击“OK”。如图 1-29 所示，在文件视图中可以看到在文件夹 dataStructure 下创建完成的名为 linearList 的文件夹。

第三步，导入已有文件。

如图 1-30 所示，鼠标指向文件夹 linearList，单击鼠标右键，在快捷菜单中选择“Add Existing Files”，选择一个已存在的.java 类文件，如图 1-31 所示。

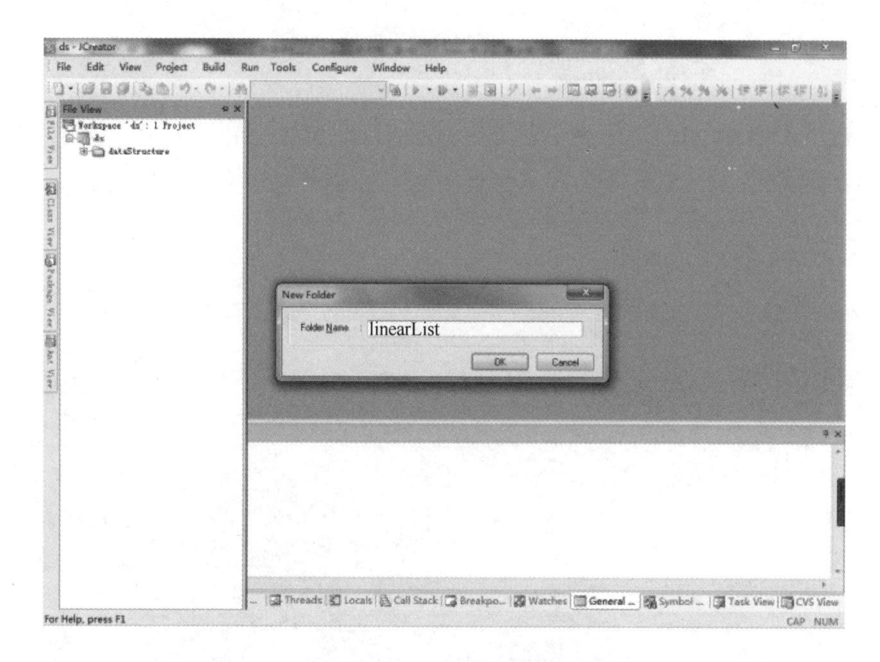

图 1-28　程序文件夹命名

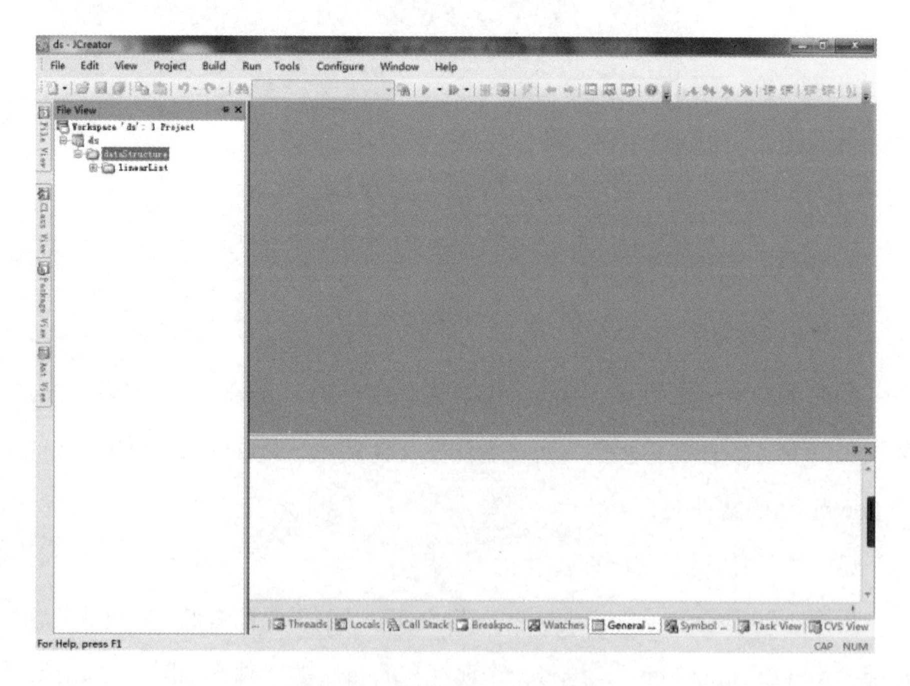

图 1-29　程序文件夹创建完成

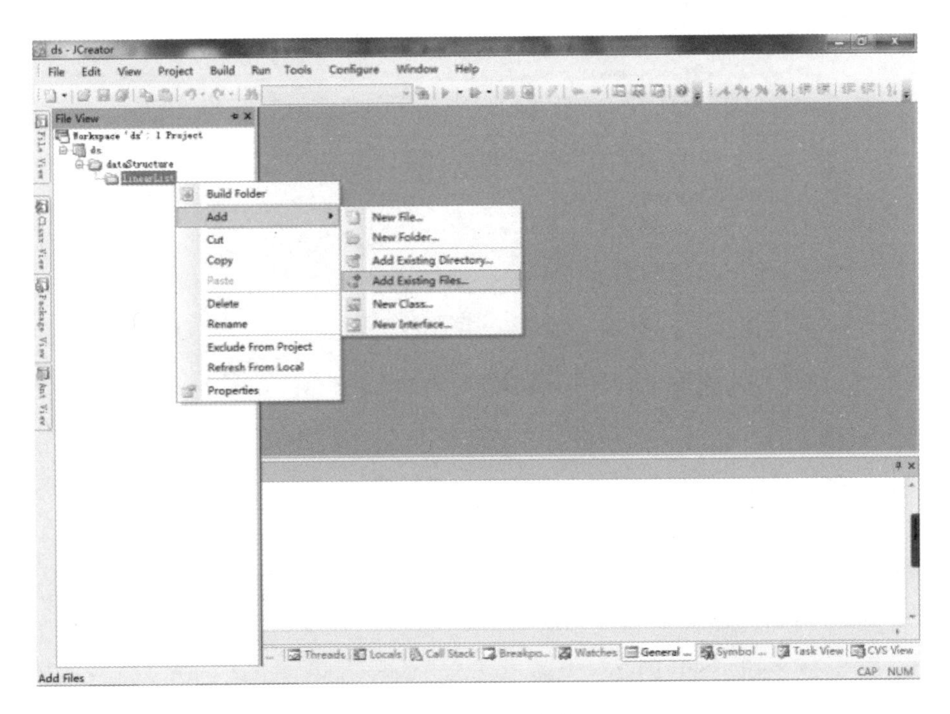

图 1-30　导入文件

图 1-31　选择要导入的文件

单击“打开”，将已有文件加入文件夹 linearList，如图 1-32 所示。

图 1-32　导入文件完成

第四步，编写 SeqList 类。

如图 1-33 所示，鼠标指向文件夹 linearList，单击鼠标右键，在快捷菜单中选择“New Class”。

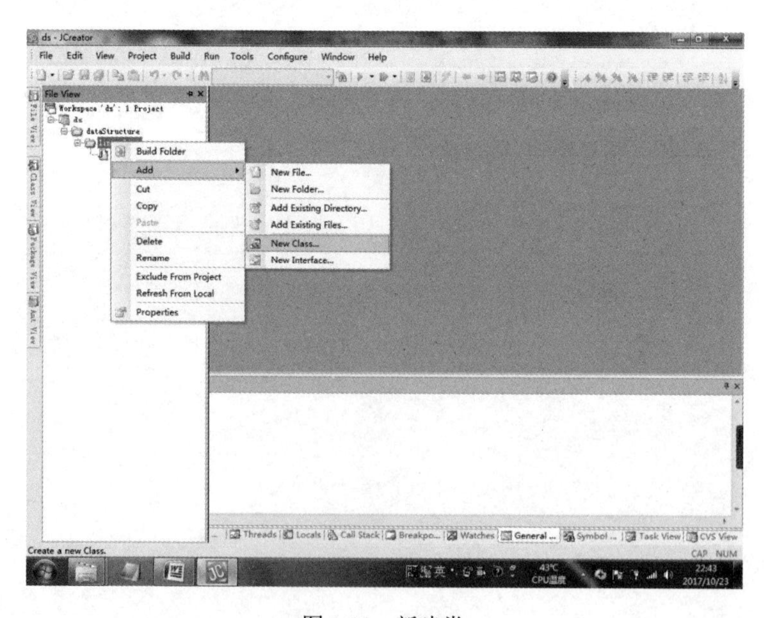

图 1-33　新建类

如图 1-34 所示，在 Class Wizard 中输入相关内容，类名为 SeqList。单击“Finish”，打开程序编辑窗口，并自动给出相关程序架构，如图 1-35 所示。

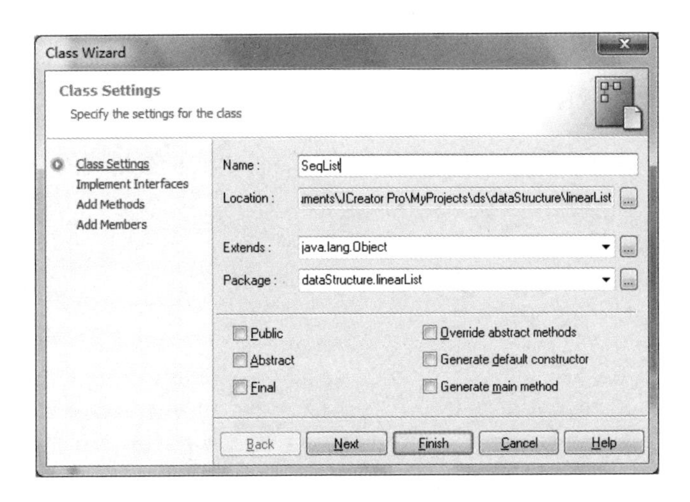

图 1-34　新建类命名

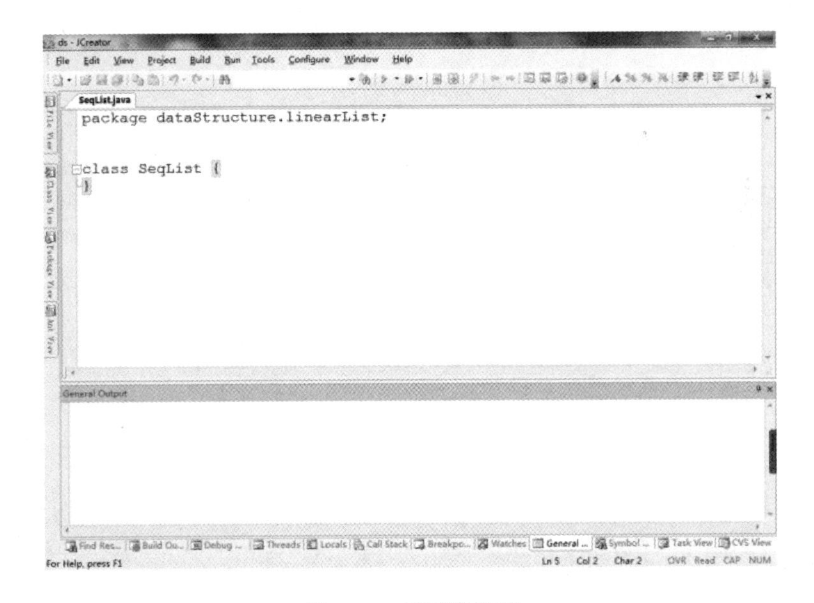

图 1-35　编写类界面

第五步，编译程序。

在程序编辑结束后，执行“Build—>Build File”菜单命令，编译 Java 程序，系统会在 Build Output 区域中输出错误信息，编译通过后将生成字节码文件（.class 文件）。

2. 数据结构程序的构成与分析

下面以一个简单程序（见图 1-36）为例，说明数据结构使用 Java 实现的基本结构。一个 Java 程序的基本结构大体可以分为包、类、main()主方法、标识符、关键字、语句和注释等。

```
package dataStructure.BinaryTree;            // 定义包，可以定义为两层，dataStructure为数据结构的意思，--
//--BinaryTree为二叉树的意思，说明是数据结构的二叉树
public class BinaryTree_6_1                          // 创建类
{                                                             "//"后面的是代码注释，对这行代码的解释
    public static void main(String args[])            // 定义主方法
    {
        String[] prelist = {"A","B","D",null,"G",null,null,null,"C","E",null,null,"F","H"}; // 定义局部变量
        BinaryTree<String> bitree = new BinaryTree<String>(prelist);        //调用BinaryTree类中带参构造---
        //---方法，以prelist的值为基础生成一棵二叉树
        System.out.println("先根次序遍历二叉树:    "+bitree.toString());  //标明空子树
        System.out.print("中根次序遍历二叉树:    ");  bitree.inorder();
        System.out.print("后根次序遍历二叉树:    ");  bitree.postorder();
        bitree.levelorder();                              //层次遍历二叉树
    }
}
```

图 1-36　简单程序

第一条语句“package dataStructure.BinaryTree;”定义了 Java 程序中类所在的包是 dataStructure.BinaryTree，package 是关键字。注意，标识符和关键字区分大小写。

第二条语句“public class BinaryTree_6_1”用于创建一个类，类名为 BinaryTree_6_1，类名由程序员自己定义，其中 public 和 class 是关键字。

第三条语句“public static void main(String args[])”是类的主方法，Java 程序从这里开始执行，“String args[]”可改为“String[] args”，其他部分不改变。

第四条语句“String[] prelist = {"A","B","D",null,"G",null,null,null,"C","E", null, null,"F","H"};”在主方法中定义了一个局部变量，String 是一个类，用于创建字符串对象（简单来说，如果要创建一条字符串，使用 String 类），prelist 是局部变量的名称，是程序员自己定义的一个标识符，而后面引号中的字符串是

局部变量 prelist 的值，“=”为赋值运算符。

第五条语句“BinaryTree<String> bitree = new BinaryTree<String>(prelist);”调用 BinaryTree 类中带参构造方法，以 prelist 的值为基础生成一棵二叉树。

第六条语句“System.out.println("先根次序遍历二叉树："+bitree.toString());”是输出语句，以先根次序遍历输出二叉树。

第七条语句同样为输出语句，执行该语句，将输出中根次序遍历二叉树的值，调用 inorder()方法，无返回值，直接输出结果。

第八条语句同样为输出语句，执行该语句，将输出后根次序遍历二叉树的值，调用 postorder()方法，无返回值，直接输出结果。

第九条语句“bitree.levelorder();”调用 BinaryTree 类中层次遍历二叉树方法，调用 levelorder()方法，无返回值，直接输出结果。

3. 程序运行与问题

下面以另一个简单程序为例，说明程序调试、运行、改错的方法。

第一步，设置断点。如图 1-37 所示，在调试代码行前面的灰色小栏中进行单击，即可对该行代码打上断点（显示一个红色的圆圈），如果想取消断点，再次单击红色的圆圈即可。

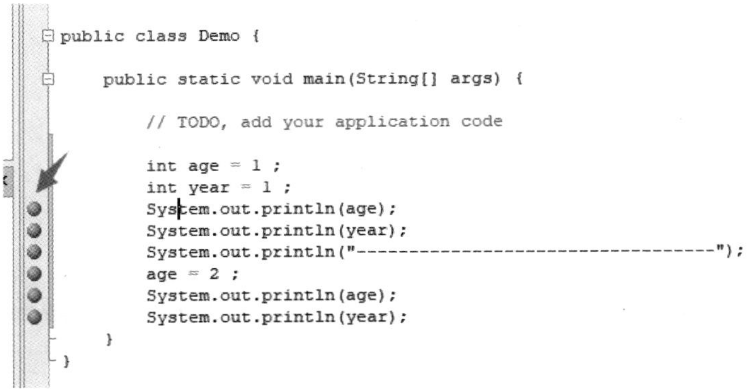

```
public class Demo {

    public static void main(String[] args) {

        // TODO, add your application code

        int age = 1 ;
        int year = 1 ;
        System.out.println(age);
        System.out.println(year);
        System.out.println("-----------------------------------");
        age = 2 ;
        System.out.println(age);
        System.out.println(year);
    }
}
```

图 1-37 设置断点

第二步，启动调试。如图 1-38 所示，单击工具栏中的“Run”，选择“Debug File”对当前文件进行调试。

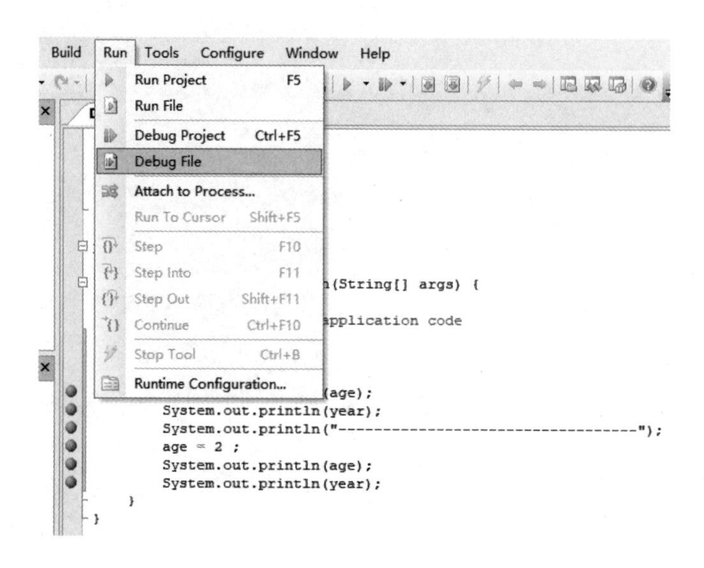

图 1-38　调试程序

第三步，程序调试运行。如图 1-39 所示，在调试到第一个断点时将中止（只运行断点前的语句），并显示当前运行过程中的各变量名及变量值。

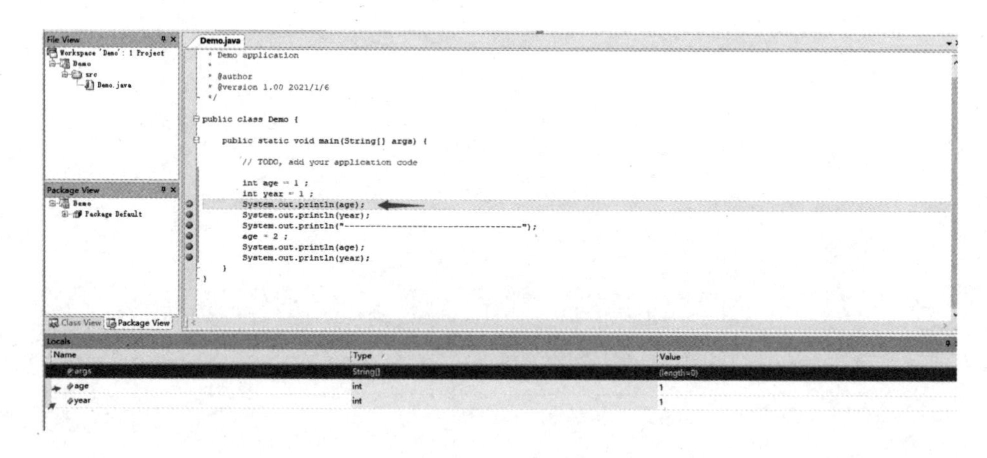

图 1-39　调试过程

第四步，调试下一个断点。如图 1-40 所示，单击工具栏中的“Run”，选择“Continue”运行至下一个断点。特别说明，“Step”表示继续运行下一行，“Step Into”表示进入当前函数并运行下一行，“Step Out”表示跳出当前函数并运行下一行，“Continue”表示运行至下一个断点。

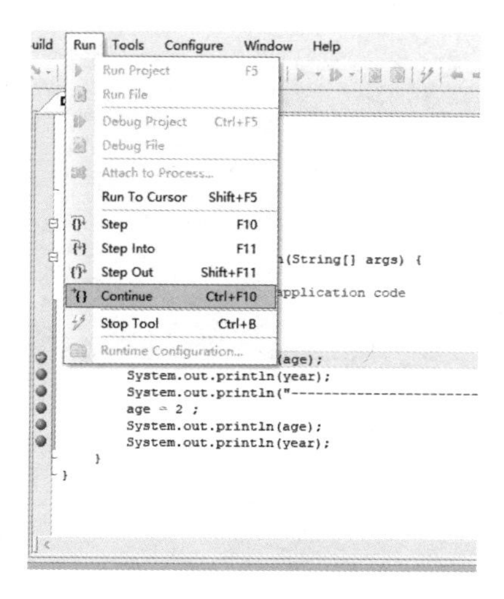

图 1-40　继续调试

当程序运行到 age = 2 时，对变量 age 的值进行了修改，对应的调试结果相应改变，如图 1-41 所示。

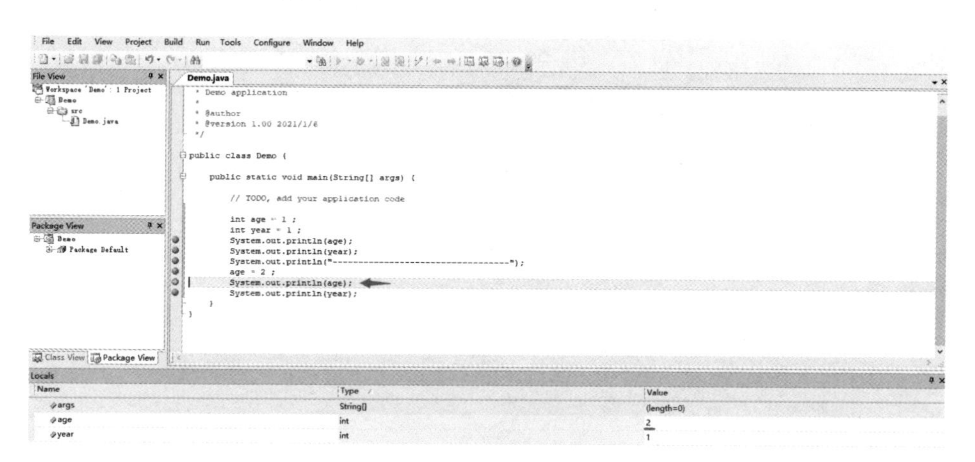

图 1-41　调试结果显示

第五步，结果显示。最终会在 Debug Output 输出控制台中输出运行结果，如图 1-42 所示。

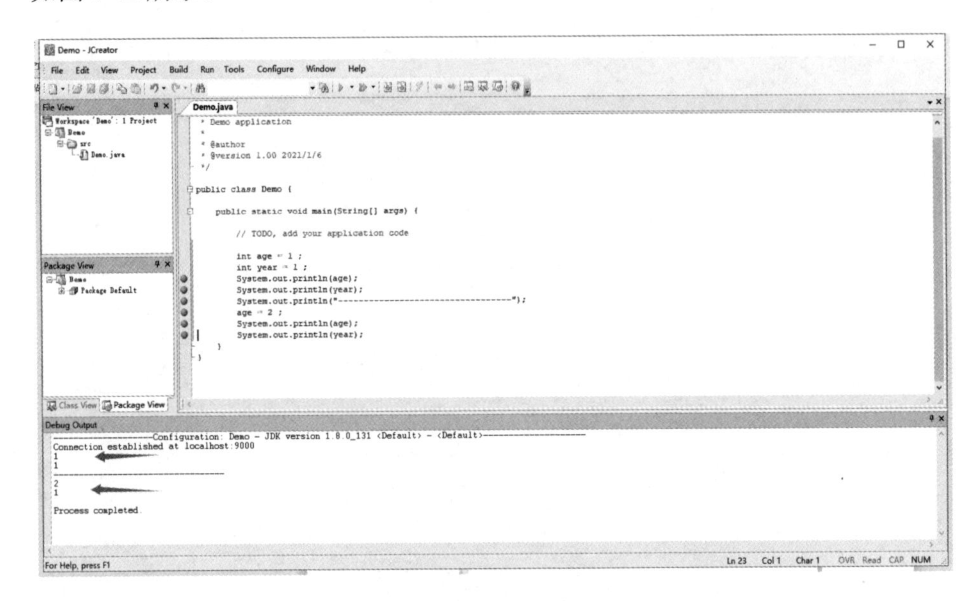

图 1-42　结果输出

4. 思考问题

以下面的程序为例，请给出程序调试、运行和改错的过程。

```
public class Run {
    public static void main(String[] args) {
        int a [] = new int[3];
        for(int i = 0;i < 4 ;i++){
            a[i] =i;
        }
    }
}
```

提示：直接运行上述代码会报错，假如通过报错内容无法知道错误在哪儿，可以通过设置断点的方式来解决。

1.3.3　实验答案

先设置 2 个断点，如图 1-43 所示。

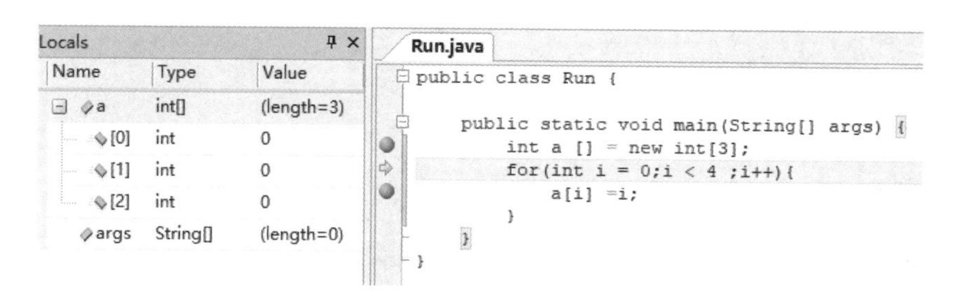

图 1-43　设置 2 个断点

运行到此，如图 1-43 所示，已经生成了一个 int 类型的数组 a，数组长度为 3，并且数组内的值都为 0。

继续运行。

发现此时 i=0，继续运行，结果没有变化，其实，这时候已经完成了 a[0]=0 操作。

继续运行，在完成 a[1]=1 的操作后，i 变成了 1，如图 1-44 所示。

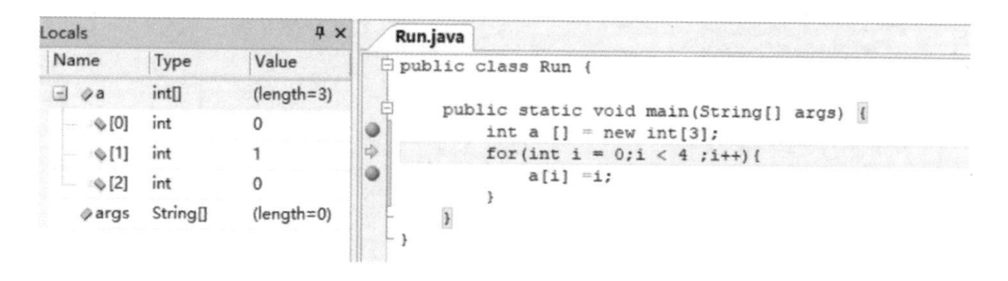

图 1-44　完成数组值的改变（1）

再运行时，i 变成了 2，完成了 a[2]=2 的操作，如图 1-45 所示。至此，完成了对数组 a 的赋值。

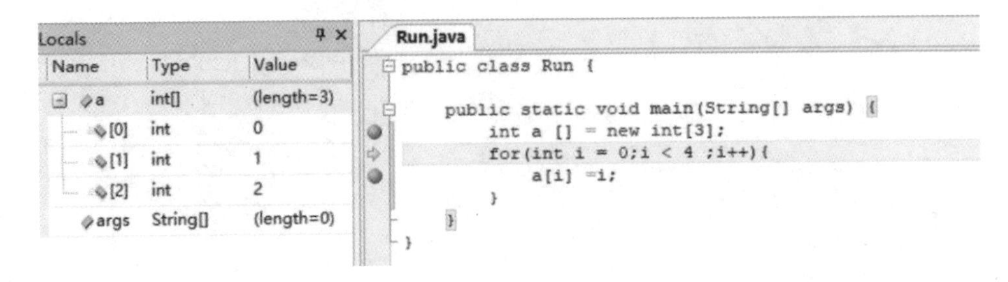

图 1-45　完成数组值的改变（2）

继续运行，发现 i 的值变成了 3，因为 a 的下标最大只有 2，所以错误在于对 i 的循环次数的控制，应该改变 for 循环内的次数控制为 i<3。

正确代码：

```
public class Run {
    public static void main(String[] args) {
        int a [] = new int[3];
        for(int i = 0;i < 3 ;i++){
            a[i] =i;
        }
    }
}
```

1.3.4　实验说明

本实验是在教材[1]中已有类的基础上进行的拓展。

第 2 章

线性表

2.1 线性表的内容架构

线性表是一种逻辑结构，其组成元素之间是线性关系。线性表的存储结构分为顺序存储结构和链式存储结构，链式存储结构又可以分为单链表结构和双链表结构。线性表的基本操作包括获取和设置元素、插入、删除等。线性表的内容架构如图 2-1 所示。

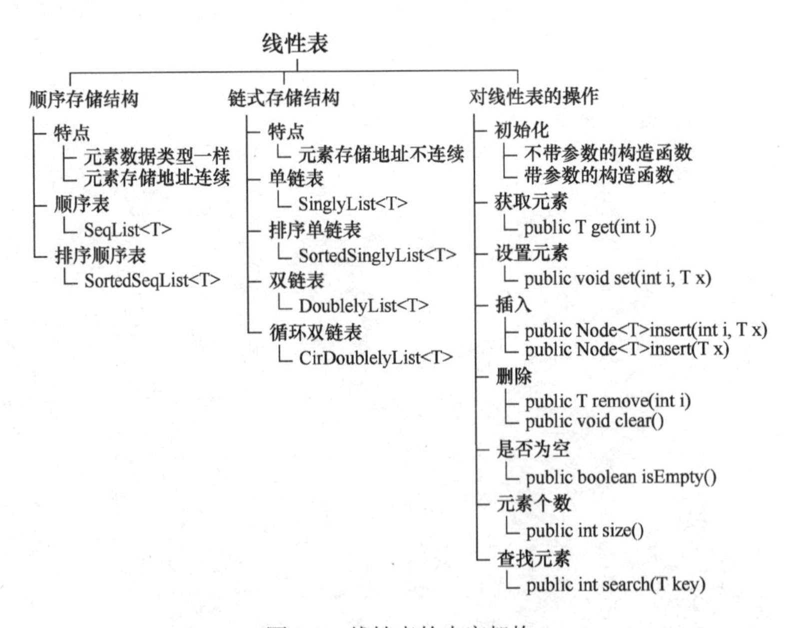

图 2-1　线性表的内容架构

2.2　线性表实现比较

单链表结点类如表 2-1 所示。

顺序存储结构与链式存储结构的实现对比如表 2-2 所示。

表 2-1　单链表结点类

类	结点类 **class Node<T>**

属性定义	public T data;
	　//第一部分为数据 data，它的类型是 T
	public Node<T> next;
	　//第二部分是地址 next，引用后继结点 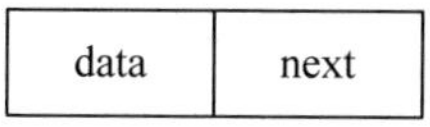
	data | next

构造结点	public Node(T data, Node<T> next){
	　this.data=data;
	　this.next=next;
	}

数据域描述	public String toString(){
	　return this.data.toString();
	}

表 2-2　顺序存储结构与链式存储结构的实现对比

类	顺序表类 **class SeqList<T>**	单链式表类（带头结点） **class SinglyList<T>**

属性	protected Object[] element;
	　//Object 是元素类，element 是数组名
	protected int n;　//n 是元素的个数 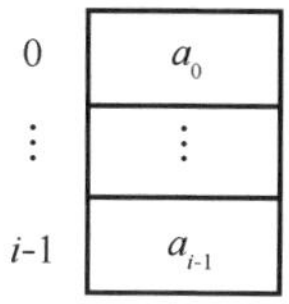
	0 a_0
	⋮ ⋮
	i-1 a_{i-1}
		public Node<T> head; //头指针，指向头结点 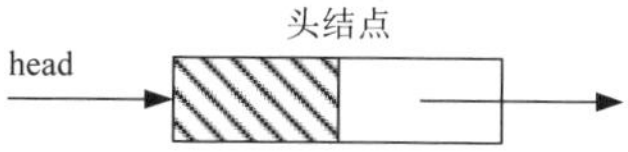
		头结点
		head

（续表）

类	顺序表类 **class SeqList<T>**	单链式表类（带头结点） **class SinglyList<T>**

构造线性表	public SeqList(int length) {
	//给定表长度初始化
	this.element=new Object[length];
	//第一初始化属性 element
	this.n=0;　//第二初始化属性 n（为 0）
	}
		public SinglyList(){
		//无参初始化，构建空表
		this.head=new Node<T>();
		}

	public SeqList(T[] values) {
	//使用数据集 values 初始化
	this(values.length);
	//调用 SeqList(int length)建表
	for(i=0;i<values.length;i++)
	this.element[i]=values[i];
	//第一初始化属性 element
	//将 values 中的元素依次复制过去
	this.n=element.length;
	//第二初始化属性 n
	//values 中元素个数
	}
		public SinglyList(T[] values) {
		//使用数据集 values 初始化
		this();　//调用 SinglyList()创建空表
		Node<T> rear=this.head;
		//设置一个指针 rear，最初指向头结点。
		for(int i=0;i<values.length;i++){
		rear.next=new Node<T>(values[i],null);
		rear=rear.next;
		}//尾部增加结点，rear 指向尾结点
		}

获取元素	public T get(int i){
	return (T)this.element[i];
	//返回第 i 个元素
	}
	//时间复杂度为 O(1)，空间复杂度为 O(1)
		public T get(int i){
		Node<T> p=this.head.next;
		for(int j=0;p!=null&&j<i;j++)
		p=p.next; //第一步，找到该元素
		return (i>=0&&p!=null)?p.data:null;
		//第二步，获取该元素
		}//时间复杂度为 O(n)，空间复杂度为 O(1)

设置元素	public void set(int i, T x){
	this.element[i]=x;
	}
	//时间复杂度为 O(1)，空间复杂度为 O(1)
		public void set(int i, T x){
		Node<T> p=this.head.next;
		for(int j=0;p!=null&&j<i;j++)
		//第一步，找到该元素
		p=p.next;
		p.data=x; //第二步，将该元素设置为 x
		}//时间复杂度为 O(n)，空间复杂度为 O(1)

（续表）

类	顺序表类 **class SeqList<T>**	单链式表类（带头结点） **class SinglyList<T>**

插入	public int insert(int i, T x){
	//在第 i 个位置处插入 x
	Object[] source=this.element;
	//数组引用 source
	for(int j=this.n-1;j>=i;j--)
	this.element[j+1]=source[j];
	//从 i 开始，所有元素向后移一位
	this.element[i]=x;//在 i 处插入 x
	this.n++; //元素个数增加 1
	return i;
	}
	//时间复杂度为 O(n)，空间复杂度为 O(1)
		public int insert(int i, T x){
		//在第 i 个位置处插入 x
		Node<T> front=this.head;//front 指向头结点
		for(int j=0;front.next!=null&&j<i;j++)
		front=front.next;
		//寻找 i−1 位置，front 指向 i−1 位置
		front.next=new Node<T>(x,front.next);
		//生成新结点，插入到 front 后面
		return front.next; //返回 x 的位置
		}
		//时间复杂度为 O(n)，空间复杂度为 O(1)

	public int insert(T x){
	return this.insert(this.n,x);
	//调用 insert(int i, T x)，在尾部插入
	}
	//时间复杂度为 O(n)，空间复杂度为 O(1)
		public int insert(T x){
		return this.insert(Integer.MAX_VALUE,x);
		//调用 insert(int i, T x)，在尾部插入
		}
		//时间复杂度为 O(n)，空间复杂度为 O(1)

删除某个元素	public T remove(int i){//删除第 i 个元素
	T old=(T)this.element[i];
	//获得第 i 个元素 old
	for(int j=i;j<this.n-1;j++)
	this.element[j]=this.element[j+1];
	//从最后一个元素到 i+1，向前移动一位
	this.element[this.n-1]=null;
	//最后一个元素置空
	return old; //返回这个元素
	}
	//时间复杂度为 O(n)，空间复杂度为 O(1)
		public T remove(int i){//删除第 i 个元素
		Node<T> front=this.head;//front 指向头结点
		for(int j=0;front.next!=null&&j<i;j++)
		front=front.next;
		//寻找 i−1 位置，front 指向 i−1 位置
		T old=front.next.data;//获得删除结点
		front.next=front.next.next;
		//改变指针删除该结点
		return old; //返回这个元素
		}
		//时间复杂度为 O(n)，空间复杂度为 O(1)

删除所有元素	public void clear(){//清除所有元素
	this.n=0;//个数置 0
	}
	//时间复杂度为 O(1)，空间复杂度为 O(1)
		public void clear(){//清除所有元素
		this.head.next=null;//收回所有结点空间
		}
		//时间复杂度为 O(1)，空间复杂度为 O(1)

（续表）

类	顺序表类 class SeqList<T>	单链式表类（带头结点） class SinglyList<T>

是否为空	public boolean isEmpty(){
	  return this.n==0;//结点个数为 0
	}
	//时间复杂度为 O(1)，空间复杂度为 O(1)
		public boolean isEmpty(){
		  return this.head.next==null;
		  //头结点后为空
		}//时间复杂度为 O(1)，空间复杂度为 O(1)

元素个数	public int size(){
	  return this.n;
	}
	//时间复杂度为 O(1)，空间复杂度为 O(1)
		public int size(){
		  Node<T> p=head.next;
		  int i=0;
		  while(p!=null){
		    i=i+1;
		    p=p.next;
		  }
		  return i;
		}//时间复杂度为 O(n)，空间复杂度为 O(1)

2.3 线性表顺序存储结构实验

2.3.1 实验目的

（1）知晓线性表的逻辑结构、顺序存储结构及其操作。

（2）能够运用 Java 语言实现顺序线性表的基本操作。

（3）能够分析顺序线性表操作算法的时空复杂度。

2.3.2 实验内容与步骤

本次实验的前提是按照教材[1]中的内容编写好顺序表类 SeqList。

1. 顺序表类及其方法的测试

（1）在 SeqList 类中增加 main 方法，测试 insert、remove、toString 等方法。

（2）新建一个测试类 SeqListTest，在 main 方法中测试 insert、remove、toString

等方法。

2. 顺序表类成员方法的实现

1）public void concat(SeqList list)

含义：将指定的顺序表 list 链接在当前顺序表之后。

测试数据：

第一组：(1，2，3，4，5)，()

第二组：()，(1，2，3，4，5)

第三组：(1，2，3，4，5)，(6，7，8)

2）public boolean remove(T key)

含义：删除首次出现的指定对象 key，若删除成功返回 true，否则返回 false。

测试数据：

第一组：(1，2，3，4，5)，删除 0

第二组：(1，2，3，4，5)，删除 1

第三组：(1，2，3，4，5，5)，删除 5

3）public boolean replace(T key, T x)

含义：将首次出现的指定对象 key 替换为 x，若替换成功返回 true，否则返回 false。

测试数据：

第一组：(1，2，3，4，5)，将 6 替换为 4

第二组：(1，2，3，4，5)，将 3 替换为 30

第三组：(1，2，3，4，5，5)，将 5 替换为 30

3. 顺序表的应用拓展

商品信息包括商品编号、商品名称、类别、单价、库存数量等，定义一个顺序表存储某超市的商品信息，编写程序完成以下功能：

（1）新增一种商品，商品编号为1001，商品名称为修正液，类别为办公，单价为3.5（元），库存数量为20（个）。类似地，向顺序表中增加20种商品的信息。

（2）删除商品名称为修正液的商品。

（3）查找商品名称为巧克力的商品。

（4）将商品编号为1011的商品的库存数量改为25。

2.3.3 实验答案

1. 顺序表类及其方法的测试

（1）在SeqList类中增加main方法，测试insert、remove、toString等方法。

代码：

```
public static void main(String args[]){
        SeqList<String> list=new SeqList<String>(7);
        list.insert("151202");
        list.insert ("151203");
        list.insert("151205");
        list.insert ("151206");
        System.out.println(list.toString());
        list.insert(2,"151204");
        System.out.println(list.toString());
        list.remove(3);
        System.out.println(list.toString());
}
```

（2）新建一个测试类SeqListTest，在main方法中测试insert、remove、toString等方法。

代码：

```
import dataStructure.linearList.*;
import java.util.Scanner;
public class SeqListTest{
    public static void main(String args[]){
        SeqList<Integer> list=new SeqList<Integer>(7);
        Scanner scanner=new Scanner(System.in);
        System.out.println("请输入线性表长度");
        int n=scanner.nextInt();
        System.out.println("请依次输入各元素");
        int e;
        for(int i=0;i<n;i++){
            e=scanner.nextInt();
            list.insert(new Integer(e));
        }
        System.out.println(list.toString());
    }
}
```

2．顺序表类成员方法的实现

在 SeqList 类中增加下列成员方法。

1）public void concat(SeqList list)

思路：将指定的顺序表 list 链接在当前顺序表之后，并且修改当前顺序表的长度。

特别注意：若顺序表的存储空间已满，则需要扩容。

代码：

```
public void concat(SeqList list){
    if(list!=null){//若顺序表 list 为空，则空操作
        if(n+list.n>element.length){//若存储空间已满，则需要扩容
```

```
                    Object[] temp=element;
                    element=new Object[temp.length+list.n];
                    for(int i=0;i<temp.length;i++)
                        element[i]=temp[i];
                }
                int j=n;//从当前顺序表表尾开始
                for(int i=0;i<list.n;i++)//将顺序表 list 中的元素依次插入当前顺序表表尾
                    element[j++]=list.get(i);
                n+=list.n;  //改变当前顺序表的长度
            }
        }
```

时空复杂度分析：该操作需要遍历顺序表 list，并将其元素依次插入当前顺序表表尾，所以时间复杂度为 $O(m)$（m 为顺序表 list 的长度），空间复杂度为 $O(1)$。

2）public boolean remove(T key)

思路：依次扫描顺序表中的元素，若被扫描的元素与要删除的元素相等，则删除该元素。

特别注意：对象的比较应调用 equals 方法。

代码：

```
    public boolean remove(T key){
            //若要删除的元素为空对象或者当前顺序表为空表，则返回 false
            if(n==0||key==null)
                return false;
            //依次扫描顺序表中的元素，若被扫描的元素与要删除的元素相等，则删除
            //该元素
            int i;
            for(i=0;i<n;i++)
                if(element[i].equals(key))
                    break;//若当前元素与 key 相等，则跳出 for 循环
            if(i<n){//若在顺序表中找到 key 元素，则调用 remove 方法将其删除，并返回 true
```

```
            remove(i);
            return true;
        }
        //未找到指定元素，返回 false
        return false;
}
```

测试示例代码：以第一组测试数据为例。

代码：

```
private static void test2(){
        Integer[] values={1,2,3,4,5};
        SeqList<Integer> list=new SeqList<Integer>(values);
        System.out.println("初始顺序表: "+list.toString());
        list.remove(new Integer(0));
        System.out.println("删除后的顺序表为:"+list.toString());
}
public static void main(String args[]){
        test2();
}
```

运行结果：

```
--------------------Configuration: ds - JDK version 1.8.0_131 <Default> - <Default>-
初始顺序表: (1,2,3,4,5)
删除后的顺序表为:(1,2,3,4,5)

Process completed.
```

思考：在上面测试代码中，将 list.remove(new Integer(0))改为 list.remove(0)，结果会如何？为什么？

答案：改为 list.remove(0)后，删除后的顺序表为(2,3,4,5)。原因在于，list.remove(new Integer(0))调用的是 remove(T key)方法，删除的是数值为 0 的元素；而 list.remove(0)调用的是 remove(int i)方法，删除的是位置为 0 的（第 0 个）元素。

时空复杂度分析：该操作需要遍历当前顺序表以查找要删除的元素，如果存在要删除的元素，则需要删除元素并将当前顺序表中该元素之后的元素依次前移。无论顺序表中是否存在要删除的元素，均需要遍历整个顺序表，所以时间复杂度为 $O(n)$（n 为顺序表的长度），空间复杂度为 $O(1)$。

3）public boolean replace(T key, T x)

思路：依次扫描顺序表中的元素，若与 key 相等，则将该元素替换为 x，并返回 true。

代码：

```
public boolean replace(T key, T x){
        //若顺序表为空表，或者 key 或 x 为空对象，则返回 false
        if(n==0||key==null||x==null)
            return false;
        for(int i=0;i<n;i++)
            if(element[i].equals(key)){
            //如果找到一个元素与 key 相等，则替换该元素并返回 true
                element[i]=x;
                return true;
            }
        return false;//没有找到匹配的元素，返回 false
}
```

思考：如果要求将顺序表中所有与 key 相等的元素全部替换为 x，上面的代码应该如何修改？

答案：可以定义一个 boolean 变量来存储替换是否成功，初始值为 false，在完成替换操作时，修改该变量值为 true，在整个顺序表遍历完成后，返回该 boolean 变量。

时空复杂度分析：该操作需要遍历当前顺序表以查找要替换的元素，最好的情况是要替换的元素在表头，需要比较 1 次，最坏的情况是在遍历整个表后没有找到要替换的元素，需要比较 n 次，在等概率情况下，比较的次数为 $(n+1)/2$，时间复杂度为 $O(n)$，空间复杂度为 $O(1)$。

3. 顺序表的应用拓展

拓展思路如下。

（1）创建商品类 Product，包括相关属性，以及各属性的 get、set 方法。

（2）创建一个 SeqList<Product>对象，调用其 insert、delete、get 等方法完成相应功能。

2.4　线性表链式存储结构实验

2.4.1　实验目的

（1）知晓线性表链式存储结构及其操作。

（2）能够运用 Java 语言实现链式线性表的基本操作。

（3）能够分析链式线性表操作算法的时空复杂度。

2.4.2　实验内容与步骤

本次实验的前提是按照教材[1]中的内容编写好单链表类 SinglyList。

1. 单链表类方法的实现

1）public SinglyList(T[] element)

含义：用指定数组中的多个对象构造单链表。

测试数据：一组随机数。

2）public SinglyList(SinglyList<T>list)

含义：用单链表 list 构造新的单链表，复制单链表。

测试数据：一组随机数。

3）public void concat(SinglyList<T>list)

含义：将指定单链表 list 链接在当前单链表之后。

测试数据：

第一组：(1，2，3，4，5)，()

第二组：()，(1，2，3，4，5)

第三组：(1，2，3，4，5)，(6，7，8)

4）public Node<T> search(T key)

含义：在当前单链表中查找值为 key 的元素，若查找到指定对象，则返回该结点，否则返回 null。

测试数据：用一组随机数构造单链表，从键盘输入查找对象。

5）public boolean contain(T key)

含义：判断当前单链表中是否包含值为 key 的元素。

测试数据：用一组随机数构造单链表，从键盘输入查找对象。

6）public boolean remove(T key)

含义：删除首次出现的指定对象 key，若删除成功，则返回 true，否则返回 false。

测试数据：

第一组：(1，2，3，4，5)，删除 0

第二组：(1，2，3，4，5)，删除 1

第三组：(1，2，3，4，5，5)，删除 5

7）public boolean replace(T key, T x)

含义：将首次出现的值为 key 的元素替换为 x，若替换成功，则返回 true，否则返回 false。

测试数据：

第一组：(1，2，3，4，5)，将 6 替换为 4

第二组：(1，2，3，4，5)，将 3 替换为 30

第三组：(1，2，3，4，5，5)，将 5 替换为 30

8）public boolean equals(Object obj)

含义：比较两条单链表是否相等。

测试数据：

第一组：()，()

第二组：当前单链表与 obj 引用同一个对象

第三组：(1，2，3，4，5)，(1，2，3)

第四组：(1，2，3)，(1，2，3，4，5)

第五组：(1，2，3，4，5)，(1，3，3，4，5)

第六组：(1，2，3，4，5)，(1，2，3，4，5)

2. 单链表的应用拓展

商品信息包括商品编号、商品名称、类别、单价、库存数量等属性，定义一个单链表存储某超市的商品信息，编写程序完成以下功能。

（1）新增一种商品，商品编号为 1001，商品名称为修正液，类别为办公，单价为 3.5（元），库存数量为 20（个）。类似地，向顺序表中增加 20 种商品的信息。

（2）删除商品名称为修正液的商品。

（3）查找商品名称为巧克力的商品。

（4）将商品编号为 1011 的商品的库存改为 25。

2.4.3　实验答案

1. 单链表类方法的实现

1）public SinglyList(T[] element)

思路：将数组中的元素依次添加至单链表尾部。

代码：

```
public SinglyList(T[] element){
        this.head=new Node<T>();                    //创建头结点
        Node<T> rear=this.head;                     //rear 引用单链表中的头结点
        for(T t:element){                           //依次访问数组中的每个元素
            //根据数组元素的值创建一个结点，并将其插入 rear 结点之后
            rear.next=new Node<T>(t,null);
            rear=rear.next;                         //rear 引用新的尾结点
        }
}
```

时空复杂度分析：该操作需要遍历数组，根据数组元素的值创建结点，并将其插入到单链表表尾，所以时间复杂度为 $O(n)$，空间复杂度为 $O(1)$。

2）public SinglyList(SinglyList<T>list)。

思路：将给定单链表中的元素依次添加至单链表尾部。

代码：

```
public SinglyList(SinglyList<T> list) {
        this();                                     //创建空单链表，只有头结点
        Node<T> rear=this.head;                     //rear 引用单链表中的头结点
        //依次处理单链表中的每个元素，p 为循环控制变量
        for(Node<T> p=list.head.next;p!=null;p=p.next){
            //根据 p 的值创建一个结点，并将其插入 rear 结点之后
            rear.next=new Node<T>(p.data,null);
            rear=rear.next;                         //rear 引用新的尾结点
        }
}
```

时空复杂度分析：该操作需要遍历给定单链表，根据给定单链表元素的值创建结点，并将其插入当前单链表表尾，所以时间复杂度为 $O(n)$，空间复杂度为 $O(1)$。

3）public void concat(SinglyList<T>list)

思路：定义一个引用变量，使其指向当前链表尾部，如果为浅复制，则直接将 list 链接至其后；若为深复制，则需要根据 list 中的元素创建结点，并依次链接至当前链表尾部。

代码：

```
public void concat(SinglyList<T> list){
        Node<T> rear=this.head;
        //在退出循环时，rear 引用单链表中的头结点
        while(rear.next!=null)
            rear=rear.next;
        //rear.next=list.head.next;       // 浅复制，直接将 list 链接至 rear 结点之后
        //深复制，遍历单链表 list，q 为循环变量
        for(Node<T> q=list.head.next;q!=null;q=q.next) {
            //根据 q 的值创建一个结点，并将其插入 rear 结点之后
            rear.next=new Node<T>(q.data,null);
            rear=rear.next;
        }
}
```

时空复杂度分析：该操作需要遍历当前单链表以确定表尾位置，浅复制的时间复杂度为 $O(n)$，深复制的时间复杂度为 $O(n+m)$，n 为当前单链表的长度，m 为指定单链表的长度，空间复杂度为 $O(1)$。

4）public Node<T> search(T key)

思路：定义一个引用变量 p，遍历当前单链表，将其引用结点的值与 key 比较。

代码：

```
public Node<T> search(T key){
        if(key!=null){
            Node<T> p=this.head.next;  //初始时，p 引用首元结点
            while(p!=null){
```

```
                if(p.data.equals(key))  //若当前结点的值与 key 相等，则返回 p
                    return p;
                p=p.next;
            }
        }
        return null;                    //若未查找到指定对象，则返回 null
    }
```

时空复杂度分析：该操作需要遍历当前单链表以查找指定元素，最好的情况是指定元素在表头，只需要比较 1 次，最坏的情况是在遍历整个单链表后没有找到指定元素，需要比较 n 次，在等概率情况下，比较的次数为$(n+1)/2$，时间复杂度为 $O(n)$ ，空间复杂度为 $O(1)$。

5）public boolean contain(T key)

思路：遍历单链表，将每个结点与 key 进行比较；也可以直接调用 search 方法。

代码：

```
    public boolean contain(T key){
        if(key!=null){
            Node<T> p=this.head.next; //初始时，p 引用首元结点
            while(p!=null){
                if(p.data.equals(key))  //若当前结点的值与 key 相等，则返回 true
                    return true;
                p=p.next;
            }
        }
        return false;                   //若未查找到指定对象，则返回 false
    }
```

时空复杂度分析：时间复杂度为 $O(n)$ ，空间复杂度为 $O(1)$。

6）public boolean remove(T key)

思路：遍历单链表，如果当前结点值与指定对象相等，则删除该结点。

代码：

```
public boolean remove(T key){
        if (key==null)                      //若要删除的对象为空对象，则直接返回 false
            return false;
        //p 引用要删除的结点，front 为 p 的前驱结点
        Node<T> front=this.head,p=front.next;
        while(p!=null){                      //依次访问单链表中的每个元素
            if(p.data.equals(key)){          //若 p 引用的结点的值与 key 相等
                front.next=p.next;           //则删除 p 引用的结点
                return true;                 //返回 true
            }
            front=p;                         //尚未找到要删除的结点，p 和 front 后移
            p=p.next;
        }
        return false;          //在遍历整个单链表后未找到值为 key 的结点，返回 false
}
```

时空复杂度分析：该操作需要遍历当前单链表以查找要删除的元素，找到要删除的元素并删除结点的操作的时间复杂度为 $O(1)$，所以本操作的时间复杂度取决于“查找要删除的元素”，与 search 操作类似，本操作的时间复杂度为 $O(n)$ ，空间复杂度为 $O(1)$。

7）public boolean replace(T key, T x)

思路：利用变量 p 遍历单链表，若 p 引用的结点的值与 key 相等，则将其替换为 x。

代码：

```
public boolean replace(T key, T x){
        if(key==null||x==null)          //若替换/被替换的对象为空对象，则直接返回 false
            return false;
```

```
        Node<T> p=this.head.next;
        while(p!=null){
            if(p.data.equals(key)){ //若p引用的结点的值与key相等，则将其替换为x
                p.data=x;
                return true;
            }
            p=p.next;                    //尚未找到要替换的结点，p后移
        }
        return false;        //在遍历整个单链表后未找到值为key的结点，返回false
    }
```

时空复杂度分析：与 search 操作类似，本操作的时间复杂度为 $O(n)$ ，空间复杂度为 $O(1)$。

8）public boolean equals(Object obj)。

思路：定义两个变量，遍历两个单链表，依次将两个变量引用结点的值进行比较，若相等则比较下一个结点，否则直接返回 false。若两个单链表长度相等且对应元素相等，则返回 true；若两个单链表长度不相等或对应元素不相等，则返回 false。

代码：

```
    public boolean equals(Object obj){
        if(this==obj)              //若obj与当前单链表引用同一个对象，则返回true
            return true;
        if(!(obj instanceof SinglyList))       //若obj不是单链表对象，则返回false
            return false;
        Node<T> p=this.head.next;
        SinglyList<T> list=(SinglyList<T>)obj;         //将obj强制转换为单链表对象
        Node<T> q=list.head.next;            //遍历两个单链表，p、q为循环控制变量
        while(p!=null&&q!=null){
            //若两个单链表当前元素不相等，则返回false
```

```
                if(!p.data.equals(q.data))
                    return false;
                p=p.next;
                q=q.next;
            }
        //若 p、q 同时为空，则说明两个单链表长度相等且对应元素相等，返回 true
        //若 p 或 q 不为空，则说明两个单链表长度不相等，返回 false
            return p==null&&q==null;
    }
```

时空复杂度分析：时间复杂度为 $O(n)$ ，空间复杂度为 $O(1)$。

2. 单链表的应用拓展

拓展思路如下。

（1）创建商品类 Product，包括相关属性，以及各属性的 get、set 方法。

（2）创建一个 SinglyList<Product>对象，调用其 insert、delete、get 等方法完成相应功能。

第3章

栈与队列

3.1 栈与队列的内容架构

栈与队列都属于线性结构，二者的特殊之处在于对插入和删除元素的位置有严格限制。

栈的内容架构和队列的内容架构分别如图 3-1 和图 3-2 所示。

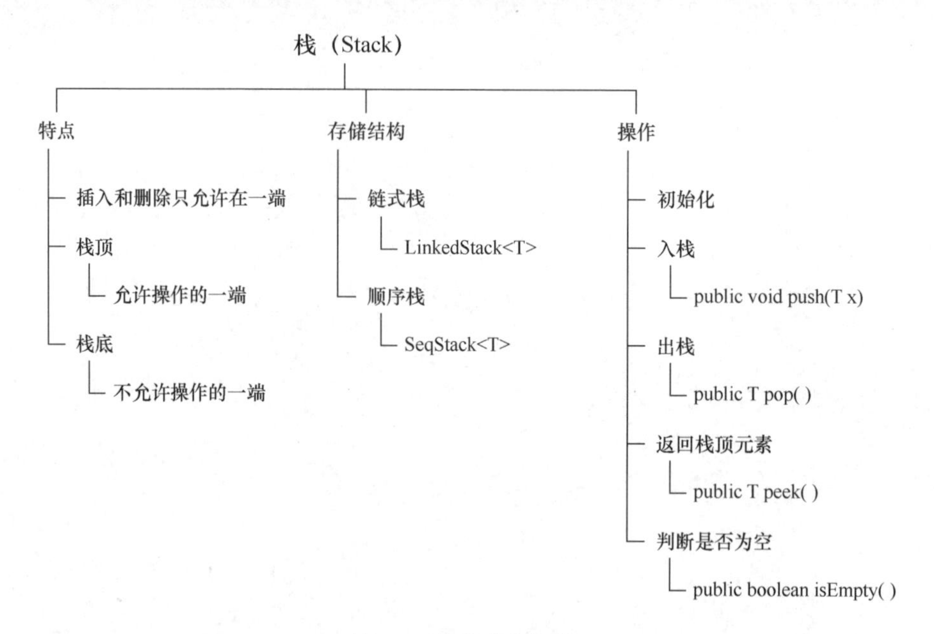

图 3-1　栈的内容架构

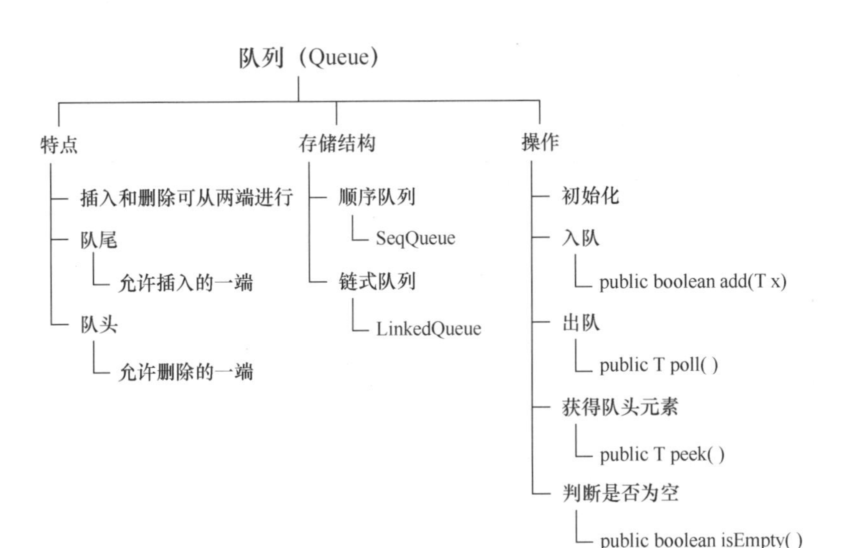

图 3-2　队列的内容架构

3.2　栈与队列的实现比较

顺序栈与链式栈的实现对比如表 3-1 所示。

表 3-1　顺序栈与链式栈的实现对比

类	顺序栈类 **Class SeqStack**	链式栈类 **Class LinkedStack**
属性	SeqList<T> list; // list 是个顺序表	SinglyList<T> list; // list 是个单链表（不带头结点）

构造栈	public SeqStack(length){
	this.list=new SeqList<T>(length);
	}
	public SeqStack(){
	this(64);
	//调用构造函数 SeqStack(length)
	}
	入栈 出栈 数据4 栈顶 数据3 数据2 数据1 栈底
		public LinkedStack(){
		this.list=new SinglyList<T>();
		//调用单链表的构造函数
		}
		top data next 栈顶 data next … data next 栈底

（续表）

类	顺序栈类 **Class SeqStack**	链式栈类 **Class LinkedStack**

入栈	public void push(T x){
	this.list.insert(x);
	//调用顺序表的插入操作 insert(T x)，插入到后面
	}
	//时间复杂度为 O(n)，空间复杂度为 O(1)
		public void push(T x){
		this.list.insert(0,x);
		//调用单链表的插入操作 insert(int i,
		//T x)，插入到前面
		}
		//时间复杂度为 O(n),空间复杂度为 O(1)

出栈	public T pop( ){
	return this.list.remove(list.size()-1);
	//调用顺序表的删除操作
	}
	//时间复杂度为 O(n)，空间复杂度为 O(1)
		public T pop( ){
		return this.list.remove(0);
		//调用单链表的删除操作
		}
		//时间复杂度为 O(n),空间复杂度为 O(1)

返回栈顶元素	public T peek( ){
	return this.list.get(list.size()-1);
	//调用顺序表的获取元素操作
	}
	//时间复杂度为 O(1)，空间复杂度为 O(1)
		public T peek( ){
		return this.list.get(0);
		//调用单链表的获取元素操作
		}
		//时间复杂度为 O(n),空间复杂度为 O(1)

判断是否为空	public boolean isEmpty(){
	return this.list.isEmpty();
	//调用顺序表的判断是否为空操作
	}
	//时间复杂度为 O(1)，空间复杂度为 O(1)
		public boolean isEmpty(){
		return this.list.isEmpty();
		//调用单链表的判断是否为空操作
		}
		//时间复杂度为 O(1),空间复杂度为 O(1)

顺序队列与链式队列的实现对比如表 3-2 所示。

表 3-2 顺序队列与链式队列的实现对比

类	顺序队列 **Class SeqQueue**		链式队列 **Class LinkedQueue**

属性	private Object element[];
	//存储元素的数组
	private int front, rear;
	//队头、队尾下标
		data1 data2 data3 data4 … datan
		head rear
			private Node<T> front, rear;//队头、队尾引用
			head rear

（续表）

类	顺序队列 **Class SeqQueue**	链式队列 **Class LinkedQueue**

构造队列	public SeqQueu(length){
	this.element=new Object[length];//初始化数组
	this.rear=this.front=0;
	//初始化队头、队尾下标，目前为空队列
	}
		public LinkedQueue(){
		this.front=this.rear=null;
		//初始化队头、队尾
		}

	public SeqQueue(){
	this(64); //调用构造函数 SeqQueue(length)
	}	

入队	public boolean add(T x){
	this.element[this.rear]=x;
	this.rear=(this.rear+1)%this.element.length;
	//循环队列，改变队尾位置
	return true;
	}
	//时间复杂度为 O(1)，空间复杂度为 O(1)
		public boolean add(T x){
		Node<T> q=new Node<T>(x,null);
		if(this.front==null)
		this.front=q; //空队插入情况
		else
		this.rear.next=q; //非空队插入情况
		this.rear=q; //改变队尾引用
		return true;
		}
		//时间复杂度为 O(1)，空间复杂度为 O(1)

出队	public T poll( ){
	T temp=(T)this.element[this.front]; //获得队头元素
	this.front=(this.front+1)%this.element.length;
	//循环队列，改变队头位置
	return temp;
	}
	//时间复杂度为 O(1)，空间复杂度为 O(1)
		public T poll( ){
		T x=this.front.data; //获得队头元素
		this.front=this.front.next;
		//改变队头引用，删除队头
		return x;
		}
		//时间复杂度为 O(1)，空间复杂度为 O(1)

返回队头元素	public T peek( ){
	return this.isEmpty()?null:(T)this.element[this.front];
	//不为空时返回队头元素
	}
	//时间复杂度为 O(1)，空间复杂度为 O(1)
		public T peek( ){
		return this.isEmpty()?null:(T)this.front.data;
		//不为空时返回队头元素
		}
		//时间复杂度为 O(1)，空间复杂度为 O(1)

判断是否为空	public boolean isEmpty(){
	return this.rear==this.front;
	}
	//时间复杂度为 O(1)，空间复杂度为 O(1)
		public boolean isEmpty(){
		return this.front==null&&this.rear==null;
		}
		//时间复杂度为 O(1)，空间复杂度为 O(1)

3.3 栈的实验

3.3.1 实验目的

（1）知晓栈的逻辑结构、顺序存储结构、链式存储结构及其操作。

（2）能够运用 Java 语言实现栈的基本操作。

（3）能够分析栈操作算法的时空复杂度。

3.3.2 实验内容与步骤

本次实验的前提是按照教材[1]中内容（顺序栈和链式栈）编写好顺序栈类 SeqStack 和链式栈类 LinkedStack。

1．栈的应用

利用栈实现数制转换，输出如下所示。

请输入要转换的进制（2，8，16），其他数字表示退出

2

请输入要转换的十进制数：

1024

转换后的结果为

10000000000

请输入要转换的进制（2，8，16），其他数字表示退出

8

请输入要转换的十进制数：

255

转换后的结果为

377

请输入要转换的进制（2，8，16），其他数字表示退出

16

请输入要转换的十进制数：

1023

转换后的结果为

3FF

请输入要转换的进制（2，8，16），其他数字表示退出

提示：可以先完成十进制—二进制转换，然后处理八进制及十六进制。注意十六进制的 10～15 分别输出 A～F。

2．栈的应用拓展

走迷宫是一个经典的程序设计问题。对于如图 3-3 所示的迷宫，白色表示通道，阴影表示墙，编写程序，输出从入口（左上角）到出口（右下角）的路径。

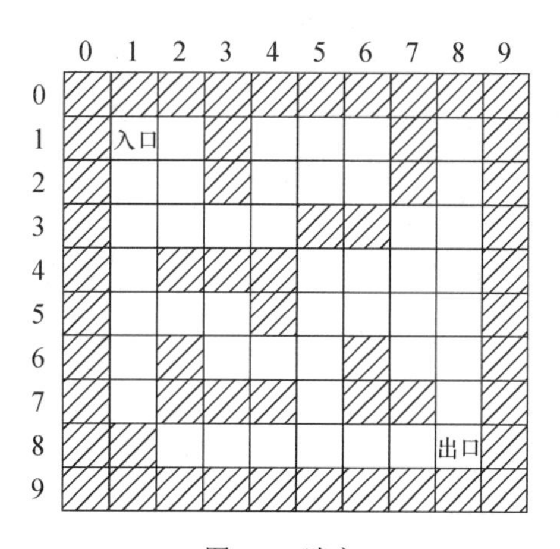

图 3-3　迷宫

3.3.3 实验答案

1. 栈的应用

思路：十进制数 N 和其他 d 进制数的转换是计算机实现计算的基本问题，其原理如下：

$$N=(N \text{ div } d)\cdot d+N \text{ mod } d$$

其中，div 为整除运算，mod 为求余运算。

例如，$(10723)_{10}=(29E3)_{16}$，其运算过程如下：

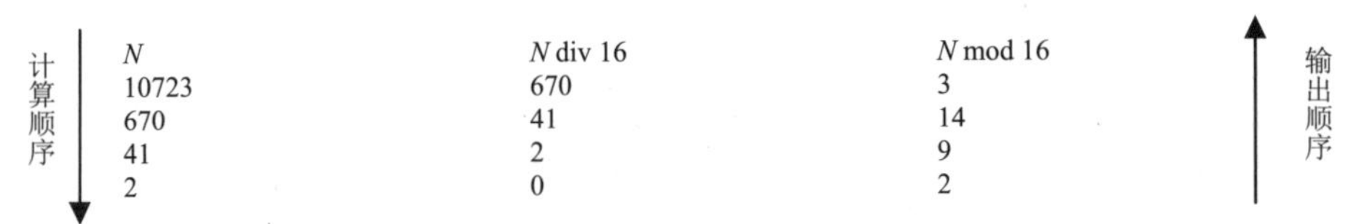

N	N div 16	N mod 16
10723	670	3
670	41	14
41	2	9
2	0	2

在进行进制转换时，各数位的计算顺序与输出顺序正好相反，具有“后进先出”的特点，故可以利用栈存储转换所得的各数位。

代码：

```
import dataStructure.LinearList.*;
import java.util.Scanner;

public class Conversion {
  public static void main(String args[]){
        //利用顺序栈实现数制转换
        Stack<Integer> stack=new SeqStack<Integer>();
        //利用链式栈实现数制转换
        //Stack<Integer> stack=new LinkedStack<Integer>();
        Scanner in=new Scanner(System.in);
        String prompt="请输入要转换的进制（2，8，16），其他数字表示退出";
        System.out.println(prompt);
        int x=in.nextInt();
        while(x==2||x==8||x==16){
```

```
                System.out.println("请输入要转换的十进制数：");
                int n=in.nextInt();
                while(n!=0){
                    stack.push(new Integer(n%x));
                    n=n/x;
                }
                System.out.println("转换后的结果为");
                while(!stack.isEmpty()){
                    int i=stack.pop().intValue();
                     if(i>=10)//16 进制 A～F 的输出
                        System.out.print((char)(i-10+'A'));
                     else
                        System.out.print(i);
                }
                System.out.println("\n"+prompt);
                x=in.nextInt();
            }
        }
    }
```

时空复杂度分析：在将一个十进制整数转换为其他进制数时，包含两个循环，第一个循环通过求余运算计算个数位，并将其入栈，循环次数为转换结果中个数位的个数 n；第二个循环将栈顶元素依次出栈，输出转换后的结果，共循环 n 次。循环中的判栈空、入栈、出栈的时间复杂度为 $O(1)$，所以将一个十进制整数转换为其他进制数的时间复杂度为 $O(n)$。上面程序转换 m 个十进制整数，故时间复杂度为 $O(m \cdot n)$；需要的辅助空间栈的大小为 n，所以空间复杂度为 $O(n)$。

2．栈的应用拓展

思路：计算机在解迷宫问题时，通常采用“穷举求解”的方法，即从入口出发，顺某一方向向前探索，若能走通，则继续往前走，否则沿原路退回，换一个方向再继续探索，直至探索完所有可能的通路。

为保证在任何位置上都能沿原路退回，需要用一个后进先出的结构来保存从入口到当前位置的路径。所以，在求解迷宫问题时通常使用栈这种数据结构。

3.4 队列的实验

3.4.1 实验目的

（1）知晓队列的逻辑结构、顺序存储结构、链式存储结构及其操作。

（2）能够运用 Java 语言实现队列的基本操作。

（3）能够分析队列操作算法的时空复杂度。

3.4.2 实验内容与步骤

本次实验的前提是按照教材[1]中内容（顺序队列和链式队列）编写好顺序队列类 SeqQueue 和链式队列类 LinkedQueue。

1. 队列的应用

运行程序 chapTest，说明 algo 的功能。

代码：

```
import dataStructure.LinearList.SeqQueue;
import dataStructure.LinearList.LinkedStack;
import dataStructure.LinearList.Queue;
import dataStructure.LinearList.Stack;

public class chapTest {
  static void algo(Queue Q){
        Stack S=new LinkedStack();
        while(!Q.isEmpty()){
```

```
                Object temp=Q.poll();
                S.push(temp);
            }
            while(!S.isEmpty()){
                Object temp=S.pop();
                Q.add(temp);
            }
        }
        public static void main(String[] args){
            Queue<Integer> Q=new SeqQueue<Integer>();
            for(int i=0;i<10;i++){
                int k=(int)(Math.random()*100);
                System.out.print(k+"    ");
                Q.add(k);
            }
            System.out.println(Q.toString());
            algo(Q);
            System.out.println(Q.toString());
        }
    }
```

2. 队列的应用拓展

银行排队叫号系统——模拟实现银行排队叫号系统，实现如下功能。

（1）取号：打印“您的号码为***，前面有***人排队”。

（2）叫号：打印“请***号顾客到*号柜台”。

3.4.3　实验答案

1. 队列的应用

algo 方法的功能是将指定队列中的元素逆置。

algo 方法的时空复杂度分析：该方法主要包括两个循环，第一个循环是使队尾元素出队然后使其入栈，第二个循环是使栈顶元素出栈并使其入队，两个循环的次数均为队列长度，其中的操作包括判断队列是否为空、判断栈是否为空、入队、出队、入栈、出栈，它们的时间复杂度均为 $O(1)$，需要的辅助空间大小为队列的长度，所以空间复杂度为 $O(n)$。

2. 队列的应用拓展

思路：银行排队叫号操作具有“先进先出”的特点，所以采用队列这种数据结构存储排队信息。取号时调用队列的入队操作，叫号时调用队列的出队操作。

第4章

树与二叉树

4.1　树与二叉树的内容架构

与线性表不同，树是一种非线性结构，其元素之间是一对多的关系，多采用链式存储结构。二叉树是多路树中最简单的形式，容易表达与学习。线索二叉树是为提升二叉树的遍历效率而提出的。Huffman 树是二叉树的一种经典应用，可以实现对数据的压缩与解压缩处理。

树与二叉树的内容架构如图 4-1 所示。

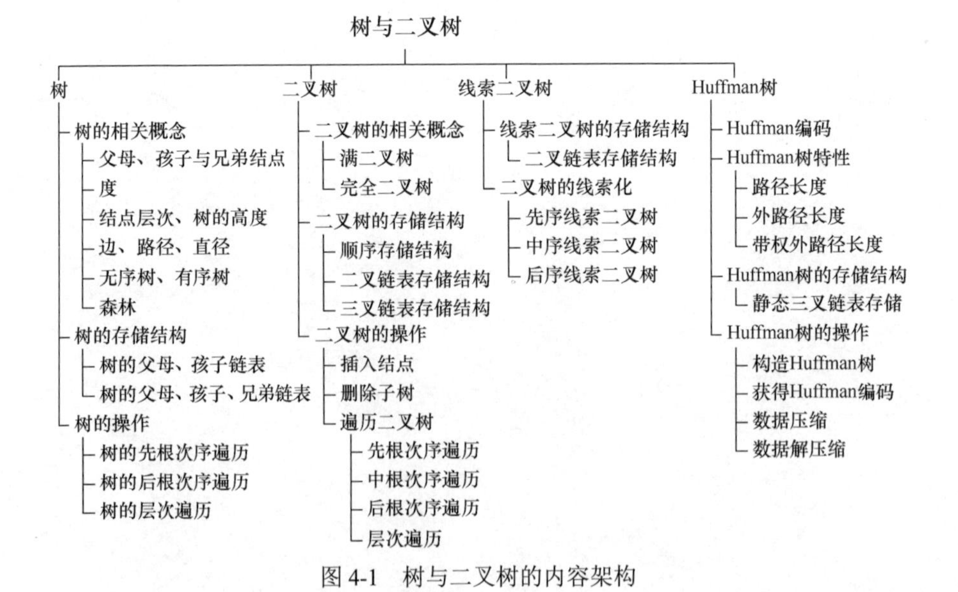

图 4-1　树与二叉树的内容架构

4.2　二叉树的二叉链表实现

顺序结构仅适用于完全二叉树（满二叉树），二叉树主要采用链式存储结构。每个结点至少要有两条链（分别指向左、右孩子结点），才能表达二叉树的层次关系，即二叉链表存储结构。

二叉树的二叉链表结点类如表 4-1 所示。

二叉树的二叉链表实现及对比如表 4-2 所示。

表 4-1　二叉树的二叉链表结点类

类	二叉链表结点类 **Class BinaryNode<T>**

属性定义	public T data; //数据域，存储数据元素；T 指定结点的元素类型，包括数据域与链域两部分
	public BinaryNode<T> left, right; //链域，分别指向左、右孩子结点

构造二叉链表结点	public BinaryNode(T data, BinaryNode<T> left, BinaryNode<T> right){
	　this.data = data;
	　this.left = left;
	　this.right = right;
	}
	left | data | right

表 4-2　二叉树的二叉链表实现及对比

类	二叉树类 **Class BinaryTree<T>**
属性定义	public　BinaryNode<T> root; //根结点，二叉链表结点结构 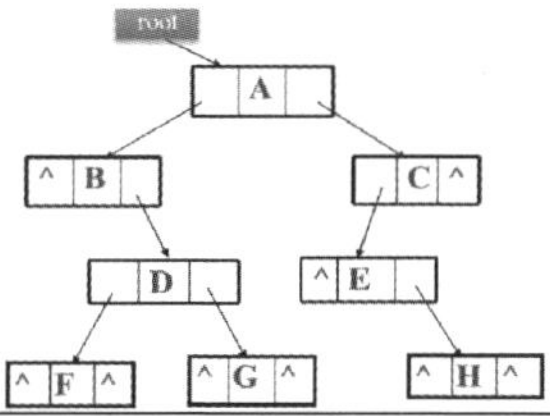

（续表）

类	二叉树类 **Class BinaryTree<T>**	

在二叉树中插入结点	public BinaryNode<T> insert(T x){
	  return this.root = new BinaryNode<T>(x, this.root, null);
	}//时间复杂度为 O(1)，空间复杂度为 O(1)	

	public BinaryNode<T> insert(BinaryNode<T> parent, T x, boolean leftChild){
	 //在 parent 结点下插入左、右子树，如果 leftChild 为 true，则是左子树，否则为右子树
	  if (x==null)
	    return null;
	  if(leftChild)
	    return parent.left=new BinaryNode<T>(x, parent.left, null);
	  return parent.right=new BinaryNode<T>(x, null, parent.right);
	}//时间复杂度为 O(1)，空间复杂度为 O(1)	

删除二叉树中的结点	public void remove(BinaryNode<T> parent, boolean leftChild){
	 //删除 parent 结点的左、右子树，如果 leftChild 为 true，则是左子树，否则为右子树
	  if (leftChild)
	    parent.left = null;
	  else parent.right = null;
	}//时间复杂度为 O(1)，空间复杂度为 O(1)	

删除二叉树中所有的结点	public void clear(){
	  this.root = null;
	} //时间复杂度为 O(1)，空间复杂度为 O(1)	

遍历（递归）	private void preorder(BinaryNode<T> p) {
	  //先根遍历 p 子树
	  if (p!=null) {
	    preorder(p.left);
	    preorder(p.right);
	  }
	}//时间复杂度为 O(n)，空间复杂度为 O(n)
		public void preorder(){
		  //先根遍历二叉树
		  preorder(this.root);
		}//时间复杂度为 O(n)，空间复杂度为 O(n)

（续表）

类	二叉树类 **Class BinaryTree<T>**	

遍历（递归）	private void inorder(BinaryNode<T> p) {
	  //中根遍历 p 子树
	  if (p!=null) {
	    inorder(p.left);
	    inorder(p.right);
	  }
	}//时间复杂度为 O(n)，空间复杂度为 O(n)
		public void inorder(){
		  //中根遍历二叉树
		  inorder(this.root);
		}//时间复杂度为 O(n)，空间复杂度为 O(n)

	private void postorder(BinaryNode<T> p) {
	  //后根遍历 p 子树
	  if (p!=null){
	    postorder(p.left);
	    postorder(p.right);
	  }
	}//时间复杂度为 O(n)，空间复杂度为 O(n)
		public void postorder(){
		  //后根遍历二叉树
		  postorder(this.root);
		}//时间复杂度为 O(n)，空间复杂度为 O(n)

获得结点数	public int size(BinaryNode<T> p){
	  //返回 p 子树的结点数
	  if (p==null)
	    return 0;
	  return 1+size(p.left)+size(p.right);
	}//时间复杂度为 O(n)，空间复杂度为 O(n)
		public int size(){
		  //返回二叉树的结点数
		  return size(root);
		}//时间复杂度为 O(n)，空间复杂度为 O(n)

获得高度	public int height(BinaryNode<T> p) {
	  if (p==null)
	    return 0;
	  int lh = height(p.left); //返回左子树的高度
	  int rh = height(p.right);
	  //返回右子树的高度
	  return (lh>=rh) ? lh+1 : rh+1;
	}
	//时间复杂度为 O(h)（h为树的高度）
	//空间复杂度为 O(h)
		public int height(){
		  //返回二叉树高度
		  return height(root);
		}
		//时间复杂度为 O(h)（h为树的高度）
		//空间复杂度为 O(h)

4.3 二叉树链式存储结构实验

4.3.1 实验目的

（1）知晓二叉树的逻辑结构、链式存储结构及其操作。

（2）能够运用 Java 语言实现二叉树的二叉链表基本操作。

（3）能够分析二叉链表基本操作算法特点和时间复杂度。

4.3.2 实验内容与步骤

本次实验的前提是按照教材[1]中内容编写好二叉链表结点类BinaryNode和二叉树类 BinaryTree，包括二叉树的先根、中根、后根次序遍历方法及求结点数、高度等。

1. 二叉树类及其方法的测试

编写程序，验证 BinaryTree 中先根、中根、后根次序遍历方法及求结点数、高度等方法的正确性，并测试后续编写的其他方法。

2. 二叉树类成员方法的实现

在二叉树类 BinaryTree 中添加下列方法并进行测试，可跟踪各方法的执行过程，深入理解递归。

1）public BinaryNode<T> search(T key)

含义：先根次序遍历查找并返回首个关键字为 key 的结点，若查找不成功，则返回 null。

2）public BinaryNode<T> getParent(BinaryNode<T> node)

含义：返回 node 结点的父母结点。

3）public void printLeaf( )

含义：输出叶子结点。

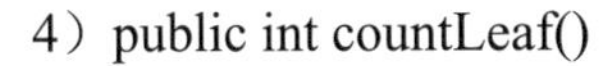
4）public int countLeaf()

含义：返回叶子结点数量。

3．二叉树的应用拓展

表 4-3 是由 Dewey.G 在统计了约 438023 个字母后得到的英文字母频率统计表，根据该表编写程序，对英文字母进行编码及解码，要求实现如下功能。

（1）编码：编码方案应使平均码长最短，对给定的英文字符串输出编码结果（0/1 序列）。

（2）解码：对给定的 0/1 序列解码，输出对应的英文字符串。

表 4-3　英文字母频率统计表

字符	E	T	A	O	I	N	S	R	H
频率	0.1268	0.0978	0.0788	0.0776	0.0707	0.0706	0.0634	0.0594	0.0573
字符	L	D	U	C	F	M	W	Y	G
频率	0.0394	0.0389	0.028	0.0268	0.0256	0.0244	0.0214	0.0202	0.0187
字符	P	B	V	K	X	J	Q	Z	—
频率	0.0186	0.0156	0.0102	0.006	0.0016	0.001	0.0009	0.0006	—

4.3.3　实验答案

1．二叉树类及其方法的测试

代码：

```
import dataStructure.tree.BinaryNode;
import dataStructure.tree.BinaryTree;

public class TreeTest{
  public static BinaryTree<String> create(){
        BinaryNode<String> child_f,child_d,child_b,child_c,child_a;
        child_d=new BinaryNode<String>("D",null,new BinaryNode("G"));
        child_b=new BinaryNode<String>("B",child_d,null);
```

```
        child_f=new BinaryNode<String>("F",new BinaryNode("H"),null);
        child_c=new BinaryNode<String>("C",new BinaryNode("E"),child_f);
        child_a=new BinaryNode<String>("A",child_b,child_c);
        return new BinaryTree<String>(child_a);
    }
    public static void main(String args[]){
        BinaryTree<String> bitree=create();
        System.out.print("前序遍历:");
        bitree.preOrder();
        System.out.print("\n 中序遍历:");
        bitree.inOrder();
        System.out.print("\n 后序遍历:");
        bitree.postOrder();
        System.out.println("\n 结点数:"+bitree.size());
        System.out.println("高度:"+bitree.height());
    }
}
```

2. 二叉树类成员方法的实现

1）public BinaryNode<T> search(T key)

思路：声明两个重载方法，一个是 public 的非递归方法，在当前二叉树中查找关键字为 key 的结点；另一个是 private 的递归方法，在以 p 为根的二叉树中查找关键字为 key 的结点。在递归方法中，首先将根结点的值与 key 进行比较，若相等则返回 p 结点，否则在 p 的左子树中查找关键字为 key 的结点，若找到则返回，否则继续在右子树中查找。

代码：

```
    public BinaryNode<T> search(T key){
        //调用递归方法，在以 root 为根的二叉树中查找
        return search(key,root);
```

```
    }
    private BinaryNode<T> search(T key,BinaryNode<T> p){
        if(p==null)                //若二叉树为空，则返回 null，递归终止（不成功）
            return null;
        //若根结点的值与 key 相等，则返回根结点，递归终止（查找成功）
        if(p.data.equals(key))
            return p;
        BinaryNode<T> find=search(key,p.left);        //在左子树中查找，返回结果
        if(find==null)                     //若在左子树中查找不成功，则在右子树中查找
            find=search(key,p.right);
        return find;
    }
```

2）public BinaryNode<T> getParent(BinaryNode<T> node)

思路：声明两个重载方法，一个是 public 的非递归方法，在当前二叉树中返回 node 结点的父母结点；另一个是 private 的递归方法，在以 p 为根的二叉树中查找 node 结点的父母结点。

在递归方法中，按下述顺序依次判断。

（1）若 p 为空二叉树，则不可能存在 node 结点的父母结点，返回 null。

（2）若 p 为 node 结点的父母结点，则返回 p。

（3）在 p 的左子树中查找 node 结点的父母结点，若查找成功，则返回结果。

（4）在 p 的右子树中查找 node 结点的父母结点。

代码：

```
    public BinaryNode<T> getParent(BinaryNode<T> node){
        //若 node 为空或二叉树为空树或 node 为根结点，则 node 无父母结点
        if(node==null||root==null||node==root)
            return null;
        //调用递归方法，在以 root 为根的二叉树中查找 node 结点的父母结点
        return getParent(node,root);
```

```
    }
    private BinaryNode<T> getParent(BinaryNode<T> node,BinaryNode<T> p){
        if(p==null)                //p为空二叉树，查找失败，递归终止
            return null;
        if(p.left==node||p.right==node)            //p为node的父母结点，递归终止
            return p;
        //在p的左子树中查找node结点的父母结点
        BinaryNode<T> find=getParent(node,p.left);
        //如果在左子树中未找到node结点的父母结点，则在右子树中继续查找
        if(find==null)
            find=getParent(node,p.right);
        return find;
    }
```

3）public void printLeaf( )

思路：声明两个重载方法，一个是public的非递归方法，在当前二叉树中输出叶子结点；另一个是private的递归方法，在以p为根的二叉树中输出叶子结点。在递归方法中，如果二叉树为空树，则进行空操作，这是递归的终止条件。在二叉树不是空树的情况下，判断p结点是否为叶子结点，若是，则输出其值域；然后调用递归方法，输出其左子树中的叶子结点；再调用递归方法，输出其右子树中的叶子结点。

代码：

```
    public void printLeaf(){
        //调用递归方法，输出以root为根的二叉树的叶子结点
        printLeaf(root);
    }
    private void printLeaf(BinaryNode<T> p){
        //若p为空，则进行空操作，递归终止
        if(p!=null){
```

```
            if(p.left==null&&p.right==null)  //若 p 为叶子结点，则输出
                System.out.print(p.data.toString());
            printLeaf(p.left);          //输出 p 左子树的叶子结点，递归调用
            printLeaf(p.right);         //输出 p 右子树的叶子结点，递归调用
        }
    }
```

4）public int countLeaf()

思路：声明两个重载方法，一个是 public 的非递归方法，返回当前二叉树的叶子结点数量；另一个是 private 的递归方法，返回以 p 为根的二叉树的叶子结点数量。

在递归方法中，分为如下情况。

（1）p 为空树，叶子结点数量为 0。

（2）p 为叶子，叶子结点数量为 1。

（3）其他情况，返回左子树叶子结点数量与右子树叶子结点数量之和。

代码：

```
    public int countLeaf(){
        //调用递归方法，返回以 root 为根的二叉树的叶子结点数量
        return countLeaf(root);
    }
    private int countLeaf(BinaryNode<T> p){
        //若 p 为空树，则叶子结点数量为 0，递归终止
        if(p==null)
            return 0;
        //若 p 为叶子，则叶子结点数量为 1，递归终止
        if(p.left==null&&p.right==null)
            return 1;
        //左子树叶子结点数量+右子树叶子结点数量，递归调用
        return countLeaf(p.left)+countLeaf(p.right);
    }
```

3. 二叉树的应用拓展

思路：Huffman 编码是一种变长编码，并且其平均码长最短，在构造 Huffman 树后对叶子结点进行编码，即可得到 Huffman 编码。

（1）利用静态三叉链表存储结构存储 Huffman 树的结点。

（2）编写方法以构造 Huffman 树。

（3）输出叶子结点（英文字符的 Huffman 编码）并将其存储起来。

（4）对于给定的字符串，依次将每个字符转换为对应的 Huffman 编码。

（5）编写方法，根据给定的 0/1 序列搜索 Huffman 树，获得对应的英文字符。

第5章

5.1 图的内容架构

图是第三种逻辑结构，是一种非线性结构，其数据元素之间是多对多的关系。图的内容架构如图 5-1 所示。图有很多种，在实际应用中以带权图为主，它主要有邻接矩阵与邻接表两种存储方式。相比于其他逻辑结构，图的操作更复杂。

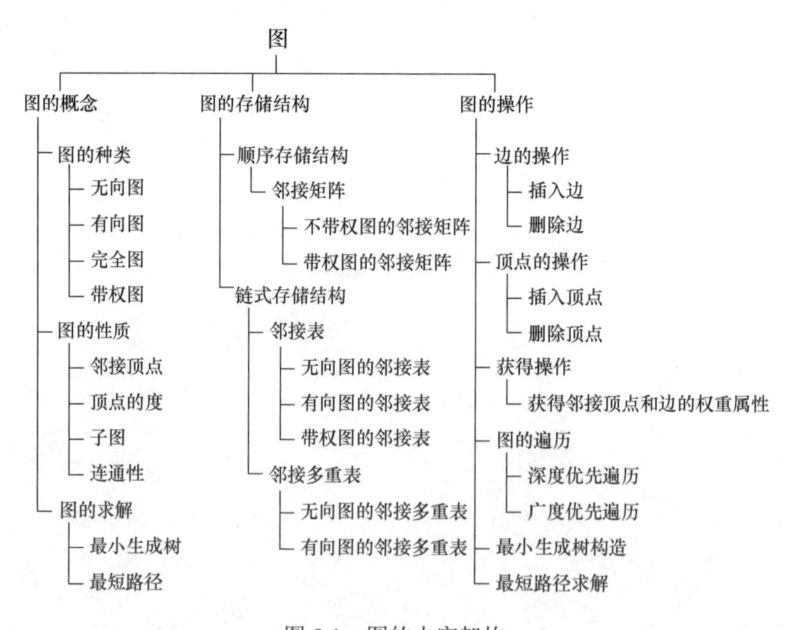

图 5-1 图的内容架构

5.2 图的实现比较

在抽象图 AbstractGraph<T>中定义图的两种遍历方法：深度优先遍历和广度优先遍历。

图遍历实现对比如表 5-1 所示。

表 5-1　图遍历实现对比

<table>
<tr><td>深度优先遍历</td><td><pre>
public void DFSTraverse(int i){
    boolean[] visited=new boolean[this.vertexCount()];//访问标记数组
    int j=i;
    do{
      if(!visited[j]){//若第 j 个顶点未被访问
        System.out.print("{ ");
        this.depthfs(j, visited);//调用 depthfs 方法
        System.out.print("} ");
      }
      j = (j+1) % this.vertexCount();//未被访问的顶点
    } while (j!=i);
}
private void depthfs(int i, boolean[] visited){ //一次深度优先遍历
    System.out.print(this.getVertex(i)+" ");
    visited[i] = true;
    for (int j=this.next(i,-1); j!=-1; j=this.next(i,j))
        if(!visited[j])//第 i 个顶点的邻接顶点序号
         depthfs(j, visited);//递归调用
}//时间复杂度为 O(n^2)（邻接矩阵存储），空间复杂度为 O(n)（递归的深度是顶点的个数）
</pre></td></tr>
<tr><td>广度优先遍历</td><td><pre>
public void BFSTraverse(int i){
    boolean[] visited = new boolean[this.vertexCount()]; //访问标记数组
    int j=i;
    do{
      if (!visited[j]){
</pre></td></tr>
</table>

（续表）

广度优先遍历

```
                System.out.print("{ ");
                breadthfs(j, visited);//调用 breadfs 方法
                System.out.print("} ");
                }
                j = (j+1)% this.vertexCount();
        } while (j!=i);
    }
    private void breadthfs(int i, boolean[] visited){
        //从第 i 个顶点出发的一次广度优先遍历
        visited[i] = true;
        LinkedQueue<Integer> que = new LinkedQueue<Integer>();
        que.add(i); //创建链式队列，使访问过的顶点入队
        while (!que.isEmpty()){
            i = que.poll();//出队
            for (int j=next(i,-1); j!= -1; j=next(i,j))//获得第 i 个顶点的邻接顶点 j
                if (!visited[j]){
                    visited[j] = true;
                    que.add(j); //入队
                }
        }
    }
    //时间复杂度为 O(n^2)（邻接矩阵存储），空间复杂度为 O(n)（申请空间以保存被访问过的顶点）
```

邻接矩阵表示带权图MatrixGraph<T>和邻接表表示带权图AdjListGraph<T>都是继承抽象图 AbstractGraph<T>的类，二者的实现对比如表 5-2 所示。

表 5-2　带权图的实现对比

类	**邻接矩阵表示带权图** **class MatrixGraph<T> extends AbstractGraph<T>**	**邻接表表示带权图** **class AdjListGraph<T> extends AbstractGraph<T>**
属性	protected Matrix matrix;	protected LinkedMatrix adjlist;

构造函数	public MatrixGraph(int length){
	//以给定长度构造图的邻接矩阵
	super(length);
	//调用父类 AbstractGraph 的构造函数
	this.matrix = new Matrix(length); //使用 Matrix 类
	}
	public MatrixGraph(){
	this(10); //默认长度为 10
	}
	public MatrixGraph(T[] vertices){
	this(vertices.length);//调用构造函数
	for (int i=0; i<vertices.length; i++)
	this.insertVertex(vertices[i]);
	//调用插入方法
	}
	public MatrixGraph(T[] vertices, Triple[] edges){
	//为顶点和边初始化邻接矩阵
	this(vertices);
	for (int j=0; j<edges.length; j++)
	this.insertEdge(edges[j]);
	}
		public AdjListGraph(int length) {
		//以给定长度构造图的邻接表
		super(length);
		//调用父类 AbstractGraph 的构造函数
		this.adjlist = new LinkedMatrix(length, length);　//使用 LinkedMatrix 类
		}
		public AdjListGraph(){
		this(10); //默认长度为 10
		}
		public AdjListGraph(T[] vertices){
		this(vertices.length); //调用构造函数
		for (int i=0; i<vertices.length; i++)
		this.insertVertex(vertices[i]);
		//调用插入方法
		}
		public AdjListGraph(T[] vertices, Triple[] edges){
		//为顶点和边初始化邻接表
		this(vertices);
		for (int j=0; j<edges.length; j++)
		this.insertEdge(edges[j]);
		}

（续表）

<table>
<tr><th>类</th><th>邻接矩阵表示带权图
class MatrixGraph<T> extends AbstractGraph<T></th><th>邻接表表示带权图
class AdjListGraph<T> extends AbstractGraph<T></th></tr>
<tr><td>插入边</td><td>public void insertEdge(int i, int j, int weight){
  //在顶点 i 和顶点 j 之间插入边，权重为 weight
  if (i!=j){
    if(weight<=0|| weight>MAX_WEIGHT)
    //权重不合适
      weight=MAX_WEIGHT;//设置为最大值
    this.matrix.set(i,j,weight);
  }
else throw new IllegalArgumentException("不能插入自身环，i="+i+"，j="+j);
  //不能建立自身环
}//时间复杂度为 O(1)，空间复杂度为 O(1)
public void insertEdge(Triple edge){
  //使用 Triple 类，插入给定边
this.insertEdge(edge.row, edge.column, edge.value);
}</td><td>public void insertEdge(int i, int j, int weight){
  //在顶点 i 和顶点 j 之间插入边，权重为 weight
  if (i!=j){
    if (weight<0 || weight>=MAX_WEIGHT)
    // MAX_WEIGHT 在抽象类中定义
      weight=0; //设置为 0
    this.adjlist.set(i,j,weight);
  }
else throw new IllegalArgumentException("不能插入自身环，i="+i+"，j="+j);
//不能建立自身环
}//时间复杂度为 O(1)，空间复杂度为 O(1)
public void insertEdge(Triple edge){
  //使用 Triple 类，插入给定边
  this.insertEdge(edge.row, edge.column, edge.value);
}</td></tr>
</table>

（续表）

类	邻接矩阵表示带权图 **class MatrixGraph<T> extends AbstractGraph<T>**	邻接表表示带权图 **class AdjListGraph<T> extends AbstractGraph<T>**

插入顶点	public int insertVertex(T x){
	  int i = this.vertexlist.insert(x);//插入
	  if (i >= this.matrix.getRows())
	    this.matrix.setRowsColumns(i+1,i+1);//扩充
	  for (int j=0; j<i; j++){//设置结点 i 与其他结点之间的权重
	    this.matrix.set(i,j,MAX_WEIGHT);
	    this.matrix.set(j,i,MAX_WEIGHT);
	  }
	  return i;
	}//时间复杂度为 O(n)，空间复杂度为 O(n)
		public int insertVertex(T x){
		  int i = this.vertexlist.insert(x);//插入
		  if (i >= this.adjlist.getRows())
		    this.adjlist.setRowsColumns(i+1,i+1); //扩充
		  return i;
		}//时间复杂度为 O(n)，空间复杂度为 O(n)

删除边	public void removeEdge(int i, int j){ //删除顶点 i 和顶点 j 之间的边
	  if (i!=j)
	    this.matrix.set(i, j, MAX_WEIGHT);
	    //相当于在两点之间设置很大的权重
	} //时间复杂度为 O(1)，空间复杂度为 O(1)
		public void removeEdge(int i, int j) {
		  if (i!=j)
		    this.adjlist.set(new Triple(i,j,0));
		  //设置边的权重为 0，相当于删除
		}//时间复杂度为 O(1)，空间复杂度为 O(1)

（续表）

类	邻接矩阵表示带权图 class MatrixGraph<T> extends AbstractGraph<T>	邻接表表示带权图 class AdjListGraph<T> extends AbstractGraph<T>

删除边	public void removeEdge(Triple edge){ //删除边 edge
	　this.removeEdge(edge.row, edge.column);
	　//获得 edge 边两端顶点的序号，调用 removeEdge 方法
	}//时间复杂度为 O(1)，空间复杂度为 O(1)
		public void removeEdge(Triple edge){
		　this.removeEdge(edge.row, edge.column);
		　//获得 edge 边两端顶点的序号，调用 removeEdge 方法
		}//时间复杂度为 O(1)，空间复杂度为 O(1)

删除顶点	public void removeVertex(int i){
	　//删除顶点 vi 及其关联的边
	　int n=this.vertexCount();
	　if (i>=0 && i<n){
	　　this.vertexlist.remove(i);//删除第 i 个元素
	　　for (int j=i+1; j<n; j++)//第 i+1～n−1 行元素上移 1 行
	　　　for (int k=0; k<n; k++)
	　　　　this.matrix.set(j-1, k, this.matrix.get(j,k));
	　　for (int j=0; j<n; j++)//第 i+1～n−1 列元素左移 1 列
	　　　for (int k=i+1; k<n; k++)
	　　　　this.matrix.set(j, k-1, this.matrix.get(j,k));
	　　this.matrix.setRowsColumns(n-1, n-1);//减 1 行 1 列
	　}
	　else throw new IndexOutOfBoundsException ("i="+i);
	} //时间复杂度为 $O(n^2)$，空间复杂度为 O(1)
		public void removeVertex(int i){
		　int n=this.vertexCount();
		　if (i>=0 && i<n){
		　　SortedSinglyList<Triple> link = this.adjlist.rowlist.get(i);
		　　for (Node<Triple> p=link.head.next; p!=null; p=p.next)
		　　　this.removeEdge(p.data.toSymmetry());//删除与 p 结点连接的边
		　　n--; //顶点数减 1
		　　this.adjlist.rowlist.remove(i);// 删除第 i 条边的单链表
		　　this.adjlist.setRowsColumns(n, n);//设置矩阵行列数，少 1 行
		　　for (int j=0; j<n; j++){//遍历每个单链表
		　　　link = this.adjlist.rowlist.get(j);
		　　　for (Node<Triple> p=link.head.next; p!=null; p=p.next){
		　　　　if (p.data.row > i)　p.data.row--;
		　　　　if (p.data.column > i)　p.data.column--;
		　　　}
		　　}
		　　this.vertexlist.remove(i); //删除第 i 个顶点
		　}
		　else throw new IndexOutOfBoundsException ("i="+i);
		}//时间复杂度为 $O(n^2)$，空间复杂度为 O(1)

（续表）

<table>
<tr><th>类</th><th>邻接矩阵表示带权图
class MatrixGraph<T> extends AbstractGraph<T></th><th>邻接表表示带权图
class AdjListGraph<T> extends AbstractGraph<T></th></tr>
<tr><td>获得边的权重</td><td>public int weight(int i, int j){ //获得顶点i与顶点j之间的边的权重
return this.matrix.get(i,j);//调用 Matrix 类的 get 方法
}//时间复杂度为 O(1)，空间复杂度为 O(1)</td><td>public int weight(int i, int j){ //获得顶点i与顶点j之间的边的权重
if (i==j) return 0;
int weight = this.adjlist.get(i,j);//调用 LinkedMatrix 类的 get 方法
return weight!=0 ? weight : MAX_WEIGHT;
}//时间复杂度为 O(1)，空间复杂度为 O(1)</td></tr>
<tr><td>获得邻接顶点</td><td>protected int next(int i, int j){
//返回顶点i在顶点j后的后继顶点的序号
int n=this.vertexCount();
if (i>=0 && i<n && j>=-1 && j<n && i!=j)
for (int k=j+1; k<n; k++)
if (this.matrix.get(i,k)>0 &&
this.matrix.get(i,k)<MAX_WEIGHT)
return k;
return -1;
}//时间复杂度为 O(n)，空间复杂度为 O(1)</td><td>protected int next(int i, int j){
int n=this.vertexCount();
if (i>=0 && i<n && j>=-1 && j<n && i!=j){
SortedSinglyList<Triple> link = this.adjlist.rowlist.get(i);
Node<Triple> find=link.head.next;
if (j==-1)
return find!=null ? find.data.column : -1;
find = link.search(new Triple(i,j,0));
if (find!=null) {
find = find.next;//找到后继顶点
if (find!=null)
return find.data.column;
}
}
return -1;
}//时间复杂度为 O(1)，空间复杂度为 O(1)</td></tr>
<tr><td colspan="3">注：Matrix、LinkedMatrix、Triple 为教材[1]中定义的矩阵类、三元组类、单链表存储的矩阵类</td></tr>
</table>

5.3 图的实验

5.3.1 实验目的

（1）知晓图的逻辑结构、链式存储结构及其操作。

（2）能够运用 Java 语言实现图的基本操作。

（3）能够分析图基本操作算法的时空复杂度。

5.3.2 实验内容与步骤

本次实验的前提是按照教材[1]中的内容编写好顺序表类 SeqList、单链表类 SinglyList、邻接矩阵表示带权图类 AbstractGraph、邻接表表示带权图类 AdjListGraph 等。

1．图相关方法的实现

1）public static void prim()

含义：在给定的 MatrixGraph 类中增加该成员方法，实现带权无向图的最小生成树，并输出该图的最小生成树的各边及代价。

2）public void DijkstraPath(int i)

含义：在给定的 MatrixGraph 类中增加该成员方法，基于 Dijkstra 算法实现非负权值的单源最短路径，其中 i 为开始的顶点。

2．图类及其方法的测试

（1）运行程序，验证 AbstractGraph 类中深度优先遍历、广度优先遍历算法（见 5.2 节）的正确性。

```
public class Traversetest {
```

```
    public static void main(String args[]){
   String[] vertices={"A","B","C","D","E","F","G"};
   Triple[]edges={new Triple(0,1,10), new Triple(0,3,30), new Triple(0,4,99),
           new Triple(0,5,45), new Triple(1,2,50), new Triple(1,3,40),new Triple(1,6,30),
           new Triple(2,4,10),new Triple(2,5,20),new Triple(2,6,30), new Triple(3,2,20),
           new Triple(3,4,60),
           new Triple(3,6,50), new Triple(4,5,10),new Triple(4,6,10), new Triple(5,6,10)};
           AdjListGraph<String> graph = new AdjListGraph<String>(vertices, edges);
           System.out.print("带权有向图 G4，"+graph.toString());
           System.out.println("深度优先遍历有向图 G4：");
           for (int i=0; i<graph.vertexCount(); i++)
               graph.DFSTraverse(i);
           System.out.println("广度优先遍历有向图：");
           for (int i=0; i<graph.vertexCount(); i++)
               graph.BFSTraverse(i);
    }
}
```

（2）在 MatrixGraph 类和 prim 算法的基础上，编写主程序，运行验证 prim 算法。

```
    public static void main(String[] args) {
           String[] vertices={"A","B","C","D","E"};
           Triple[] edges={new Triple(0,1,45), new Triple(0,2,28), new Triple(0,3,10),
                   new Triple(1,0,45), new Triple(1,2,12), new Triple(1,4,21),
                   new Triple(2,0,28), new Triple(2,1,12), new Triple(2,3,17),
                   new Triple(3,0,10), new Triple(3,2,17), new Triple(3,4,15),
```

```
                new Triple(4,1,21), new Triple(4,2,26), new Triple(4,3,15)};
        MatrixGraph<String> graph = new MatrixGraph<String>(vertices, edges);
        //邻接矩阵表示的图
        System.out.println("带权无向图G3，prim算法");
        graph.prim();   //prim调用
    }
```

（3）在给定MatrixGraph类和DijkstraPath方法的基础上，编写主程序，运行验证Dijkstra算法。

```
    public static void main(String[] args) {
        String[] vertices={"A","B","C","D","E"};
        Triple[] edges={new Triple(0,1,45), new Triple(0,2,28), new Triple(0,3,10),
                new Triple(1,0,45), new Triple(1,2,12), new Triple(1,4,21),
                new Triple(2,0,28), new Triple(2,1,12), new Triple(2,3,17),
                new Triple(3,0,10), new Triple(3,2,17), new Triple(3,4,15),
                new Triple(4,1,21), new Triple(4,2,26), new Triple(4,3,15)};
        MatrixGraph<String> graph = new MatrixGraph<String>(vertices, edges);
        //邻接矩阵表示的图
        System.out.println("带权无向图G3，Dijkstra算法");
        for (int i=0; i<graph.vertexCount(); i++)
            graph.DijkstraPath(i);
            //单源最短路径，Dijkstra算法
    }
```

3. 图的应用拓展

警方在一起案件中，发现了一批嫌疑人（共6人），他们之间的关系如图5-2

所示，请你找出这批嫌疑人中的关键嫌疑人，关键嫌疑人指与其他所有嫌疑人都有关系的人。

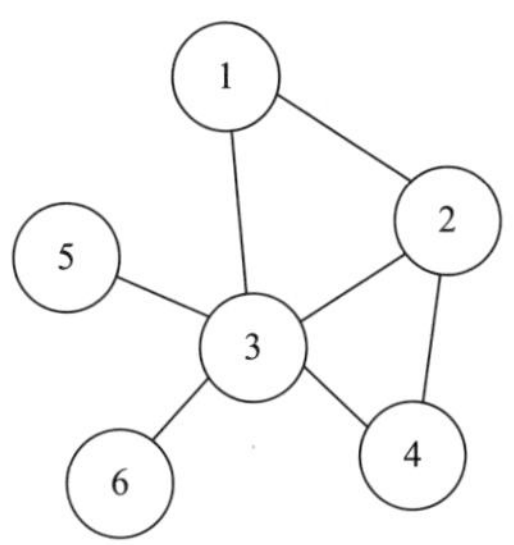

图 5-2 嫌疑人之间的关系

5.3.3 实验答案

1. 图相关方法的实现

1）public static void prim()

思路：假设 $G=(V, E)$是连通的，TE 是 G 上最小生成树中边的集合。算法从 $U=\{u_0\}$（$u_0\in V$）、TE＝{}开始。重复执行下列操作：在所有 $u\in U$，$v\in V-U$ 的边$(u, v)\in E$ 中找一条权重最小的边(u_0,v_0)并加入集合 TE，同时将 v_0 加入 U，直至 $V=U$。此时，TE 中必有 $n-1$ 条边，$T=(V, \mathrm{TE})$为 G 的最小生成树。

代码：

```
public static void prim(){
    Triple[] mst = new Triple[vertexCount()-1];
     //最小生成树的边集合，边数为顶点数减 1（n−1）
    for (int i=0; i<mst.length; i++)    //边集合初始化，从顶点 v0 出发构造
        mst[i]=new Triple(0,i+1,this.weight(0,i+1));//保存从 v0 到其他各顶点的边
    for (int i=0; i<mst.length; i++){
     //在 0～n−1 范围内，寻找权重最小的边
```

```
        System.out.print("mst 边集合：");
        for(int j=0; j<mst.length; j++)
            System.out.print(mst[j].toString()+",");
        System.out.println();
        int min=i;   //最小权重及边的下标
        for (int j=i+1; j<mst.length; j++)   //在 i～n-1 范围内，寻找权重最小的边
            if (mst[j].value < mst[min].value){
            //若存在更小权重，则更新最小值变量
                min = j;   //保存当前权重最小的边的序号
            }
         Triple edge = mst[min];
         if (min!=i){
            mst[min] = mst[i];
            mst[i] = edge;
         }
         //将 i+1～n-1 的其他边用权重更小的边替换
         int tv = edge.column; //并入 tv 的顶点
         for (int j=i+1; j<mst.length; j++){
            int v = mst[j].column;   //记录下一条边的序号
            int weight = this.weight(tv,v);
            if (weight<mst[j].value)
            //若(tv,v)边的权重比第 j 条边的权重更小，则替换
                mst[j] = new Triple(tv,v,weight);
         }
    }
```

```
        System.out.print("\n 最小生成树的边集合：");
        int mincost=0;
        for (int i=0; i<mst.length; i++){ //输出最小生成树的边集合和代价
            System.out.print(mst[i]+" ");
            mincost += mst[i].value;
        }
        System.out.println("，最小代价为"+mincost);
}
```

时空复杂度分析：时间上，程序中有双重 for 循环，设顶点数为 n，最小生成树的边数为 $n-1$，则 prim 算法的时间复杂度为 $O(n^2)$；空间上，新建长度为 $n-1$ 的三叉顶点数组，每个顶点下包含一个数组（与之关联顶点的集合），故空间复杂度为 $O(n^2)$。

2）public void DijkstraPath(int i)

思路：本函数求解的是图中所有顶点到下标为 i 的初始顶点的最短路径集。首先定义 vset 为当前加入最短路径的顶点集合（对于已加入的顶点，将其对应位置设置为 True），初始只有 i 处为 True，定义 dist 为任意顶点到初始顶点的最短路径长度（边权值的和），定义 path 为距离该顶点最近的顶点（在最短路径顶点集合内）的下标；然后针对其他每个顶点，遍历它们到初始顶点的边权值，得到距离最小的顶点，将其加入相应的 vset 中，更新相应 dist 和 path 的值（注意，间接路径可能会大于直接路径）；直到所有顶点都加入 vset，dist 与 path 更新完成。

代码：

```
    public void DijkstraPath(int i) {
        int n = this.vertexCount();
        boolean[] vset = new boolean[n];
```

```
vset[i] = true;
int[] dist = new int[n];
int[] path = new int[n];
for (int j=0; j<n; j++){
    dist[j] = this.weight(i,j);
    path[j] = (j!=i && dist[j]<MAX_WEIGHT) ? i : -1;
}
for (int j=(i+1)%n; j!=i; j=(j+1)%n) {
    int mindist=MAX_WEIGHT, min=0;
    for (int k=0; k<n; k++)
        if (!vset[k] && dist[k]<mindist) {
            mindist = dist[k];
            min = k;
        }
    if (mindist==MAX_WEIGHT)
        break;
    vset[min] = true;
    for (int k=0; k<n; k++)
        if (!vset[k] && this.weight(min,k)<MAX_WEIGHT &&
dist[min]+this.weight(min,k)<dist[k]) {
            dist[k] = dist[min] + this.weight(min,k);
            path[k] = min;
        }
}
System.out.print(this.getVertex(i)+"");
for (int j=0; j<n; j++)
    if (j!=i){
```

```
                SinglyList<T> pathlink = new SinglyList<T>();
                pathlink.insert(0, this.getVertex(j));
                for (int k=path[j]; k!=i && k!=j && k!=-1; k=path[k])
                    pathlink.insert(0, this.getVertex(k));
                pathlink.insert(0, this.getVertex(i));
                System.out.print(pathlink.toString()+" "+(dist[j]==MAX_WEIGHT ? " " :
dist[j])+" ");
            }
        System.out.println();
    }
```

时空复杂度分析：时间上，程序中有双重 for 循环，设顶点数为 n，则 DijkstraPath 算法的时间复杂度为 $O(n^2)$；空间上，为每个顶点新建一个路径单链表，空间复杂度为 $O(n^2)$。

2．图类及其方法的测试

（1）运行程序，验证 AbstractGraph 类中深度优先遍历、广度优先遍历算法的正确性，运行结果如下：

```
带权有向图G4，顶点集合：SeqList(A, B, C, D, E, F, G)
出边表：
0 -> SortedSinglyList((0,1,10),(0,3,30),(0,4,99),(0,5,45))
1 -> SortedSinglyList((1,2,50),(1,3,40),(1,6,30))
2 -> SortedSinglyList((2,4,10),(2,5,20),(2,6,30))
3 -> SortedSinglyList((3,2,20),(3,4,60),(3,6,50))
4 -> SortedSinglyList((4,5,10),(4,6,10))
5 -> SortedSinglyList((5,6,10))
6 -> SortedSinglyList()
```

```
深度优先遍历有向图G4:
{ A B C E F G D }
{ B C E F G D } { A }
{ C E F G } { D } { A B }
{ D C E F G } { A B }
{ E F G } { A B C D }
{ F G } { A B C E D }
{ G } { A B C E F D }
广度优先遍历有向图:
{ A B D E F C G }
{ B C D G E F } { A }
{ C E F G } { D } { A B }
{ D C E G F } { A B }
{ E F G } { A B D C }
{ F G } { A B D E C }
{ G } { A B D E F C }
```

（2）在 MaxtrixGraph 类和 prim 算法的基础上，编写主程序，运行验证 prim 算法，运行结果如下：

```
带权无向图G3，prim算法
mst边集合：(0,1,45),(0,2,28),(0,3,10),(0,4,99999),
mst边集合：(0,3,10),(3,2,17),(0,1,45),(3,4,15),
mst边集合：(0,3,10),(3,4,15),(4,1,21),(3,2,17),
mst边集合：(0,3,10),(3,4,15),(3,2,17),(2,1,12),

最小生成树的边集合：(0,3,10) (3,4,15) (3,2,17) (2,1,12) ，最小代价为54
```

（3）在给定 MaxtrixGraph 类和 DijkstraPath 方法的基础上，编写主程序，运行验证 Dijkstra 算法，运行结果如下：

```
带权无向图G3，Dijkstra算法
A的单源最短路径：SinglyList(A,D,C,B)长度39，SinglyList(A,D,C)长度27，SinglyList(A,D)长度10，SinglyList(A,D,E)长度25，
B的单源最短路径：SinglyList(B,C,D,A)长度39，SinglyList(B,C)长度12，SinglyList(B,C,D)长度29，SinglyList(B,E)长度21，
C的单源最短路径：SinglyList(C,D,A)长度27，SinglyList(C,B)长度12，SinglyList(C,D)长度17，SinglyList(C,D,E)长度32，
D的单源最短路径：SinglyList(D,A)长度10，SinglyList(D,C,B)长度29，SinglyList(D,C)长度17，SinglyList(D,E)长度15，
E的单源最短路径：SinglyList(E,D,A)长度25，SinglyList(E,B)长度21，SinglyList(E,C)长度26，SinglyList(E,D)长度15，
```

3. 图的应用拓展

思路：定义查找关键嫌疑人（顶点）的函数，在主函数中，根据 6 个顶点之间的关系定义无向图，通过函数调用得到关键顶点，并输出顶点。

关键步骤如下。

（1）遍历图中的每条边并计算每个顶点的度。

（2）度为 5 的顶点即为关键顶点（关键嫌疑人）。

代码：

```
public static int findCenter2(AdjListGraph<String> graph) {
        Object [] list = graph.vertexlist.element;
        int nodeNum = list.length;
        int[] degrees = new int[nodeNum];
        for (int i=0; i< nodeNum ; i++){
            for (int j=i+1; j< nodeNum; j++){
                int weight = graph.weight(i, j);
                if (weight == 1){
                    degrees[i]++;
                    degrees[j]++;
                }
            }

        }
        for (int i = 1; i<nodeNum; i++) {
            if (degrees[i] == nodeNum - 1) {
                return i;
            }
        }
        return -1;
    }
    public static void main(String[] args) {
```

```
        //构建邻接表表示带权图，以权重为1表示两者之间存在关系
        String[] vertices={"1","2","3","4","5","6"};
        Triple edges[]={new Triple(0,1,1), new Triple(0,2,1),
                new Triple(1,2,1), new Triple(1,3,1),
                new Triple(2,3,1), new Triple(2,4,1),
                new Triple(2,5,1),
        };
        AdjListGraph<String> graph = new AdjListGraph<String>(vertices, edges);
        int res = findCenter2(graph);
        if (res == -1){
            System.out.print("不存在关键嫌疑人，");
        }
        else {
            Object [] list = graph.vertexlist.element;
            System.out.print("关键嫌疑人，"+ list[res]);
        }
    }
```

思考：如果在嫌疑人间增加3个关系，即让嫌疑人1分别与嫌疑人4、5、6存在关系，则此时关键嫌疑人不止一个，程序应该如何修改？

答案：

```
    public static int[] findCenter2(AdjListGraph<String> graph) {
            Object [] list = graph.vertexlist.element;
            int nodeNum = list.length;
            int[] degrees = new int[nodeNum+1];
            for (int i=0; i< nodeNum ; i++){
                for (int j=i+1; j< nodeNum; j++){
```

```
                int weight = graph.weight(i, j);
                if (weight == 1){
                    degrees[i]++;
                    degrees[j]++;
                }
            }
        }
        int [] res = new int [nodeNum];
        for (int i = 0; i<nodeNum; i++) {
            if (degrees[i] == nodeNum - 1) {
                res[i] = 1;
            }
        }
        return res;
    }
    public static void main(String[] args) {
        String[] vertices={"1","2","3","4","5","6"};
        Triple edges[]={new Triple(0,1,1), new Triple(0,2,1),
                new Triple(0,3,1),new Triple(0,4,1),
                new Triple(0,5,1),
                new Triple(1,2,1), new Triple(1,3,1),
                new Triple(2,3,1), new Triple(2,4,1),
                new Triple(2,5,1),
        };
        AdjListGraph<String> graph = new AdjListGraph<String>(vertices, edges);
```

```
        Boolean ind = Boolean.TRUE;
        int [] res = findCenter3(graph);
        Object [] list = graph.vertexlist.element;
        for (int i=0; i<res.length;i++){
            if (res[i] == 1){
                System.out.println("关键嫌疑人:"+ list[i]);
                ind = Boolean.FALSE;
            }
        }
        if (ind){
            System.out.print("不存在关键嫌疑人，");
        }
    }
```

第6章

查找

6.1 查找的内容架构

查找是数据结构中的一种操作，不同的数据结构采用的查找方法不同，主要的查找方法包括顺序查找、二分查找、基于索引表的分块查找、基于散列的查找及二叉排序树查找，如图 6-1 所示。

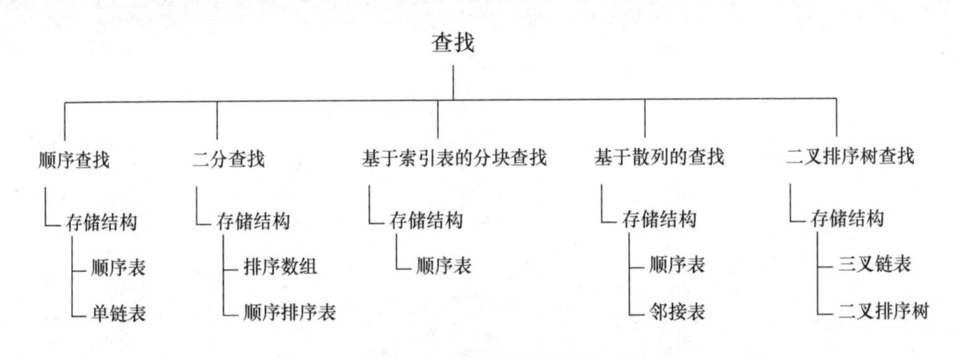

图 6-1　查找的内容架构

6.2 查找的实现比较

以下主要将顺序表类与单链表类的顺序查找进行对比，将排序顺序表类的顺序查找与折半查找进行对比，以及将它们与二叉排序树类的二叉排序树查找进行对比，如表 6-1 所示。

表 6-1 查找的实现

类	顺序表类 **class SeqList<T>**

顺序查找	public int search(T key){
	    for (int i=0; i<this.n; i++){
	        if (key.equals(this.element[i]))
	        //执行 T 类的 equals(Object)方法，运行时多态
	            return i;
	    }
	    return -1; //空表或未找到
	}//时间复杂度为 O(n)，空间复杂度为 O(1)

类	单链表类 **class SinglyList<T>**

顺序查找	public Node<T> search(T key) {
	    for (Node<T> p=this.head.next;　p!=null;　p=p.next)
	        if (key.equals(p.data))
	            return p;
	    return null;
	}//时间复杂度为 O(n)，空间复杂度为 O(1)

类	排序顺序表类 **class SortedSeqList<T>**

顺序查找	public int search(T key){
	    for (int i=0; i<this.n && key.compareTo(this.get(i))>=0; i++){　//升序
	        if (key.compareTo(this.get(i))==0)　//对象相等，运行时多态
	            return i;
	    }
	    return -1;　//空表或未找到
	}//时间复杂度为 O(n)，空间复杂度为 O(1)

（续表）

<table>
<tr><td>类</td><td>排序顺序表类
class SortedSeqList<T></td></tr>
<tr><td>折半查找</td><td>public int binarySearch(T key) {
return binarySearch(key, 0, this.n-1);
}
public int binarySearch(T key, int begin, int end){
while (begin<=end) { //边界有效
int mid = (begin+end)/2; //取中间位置，即当前比较元素的位置
System.out.print(this.get(mid)+"? "); //显示比较的中间结果，可省略
if (key.compareTo(this.get(mid))==0) //两个对象相等
return mid; //查找成功
if (key.compareTo(this.get(mid))<0) //key 对象较小
end = mid-1; //查找范围缩小到前半段
else begin = mid+1; //查找范围缩小到后半段
}
return -1; //查找不成功
}//时间复杂度为 O(n)，空间复杂度为 O(1)</td></tr>
<tr><td>类</td><td>二叉排序树类
class BinarySortTree<T></td></tr>
<tr><td>二叉排序树查找</td><td>public TriNode<T> searchNode(T key){
TriNode<T> p=this.root;
while (p!=null && key.compareTo(p.data)!=0) {
if (key.compareTo(p.data)<0) //若 key 较小
p=p.left; //进入左子树
else
p=p.right; //进入右子树
}
return p!=null ? p : null; //若查找成功，则返回结点，否则返回 null
}
public T search(T key) {
//查找关键字为 key 的元素，若查找成功，则返回元素，否则返回 null
TriNode<T> find = this.searchNode(key);
return find!=null ? find.data : null;
}//时间复杂度为 O(h)（h 为二叉排序树的高度），空间复杂度为 O(1)</td></tr>
</table>

6.3　查找实验

6.3.1　实验目的

（1）能够实现线性表的查找算法。

（2）能够分析查找算法的时空复杂度。

6.3.2　实验内容与步骤

本次实验的前提是按照教材[1]中的内容编写好顺序表类 SeqList。

1．查找相关方法的实现

实现线性表（SeqList 类和 SinglyList 类）的下列成员方法并进行测试。

1）public int listIndexOf(T key)

含义：返回值为 key 的元素最后出现的位置，若未找到，则返回-1。

2）public boolean removeAll(T key)

含义：删除线性表中所有值为 key 的元素。

3）public boolean replaceAll(T key, T x)

含义：将线性表中所有值为 key 的元素替换为 x，若替换成功，则返回 true，否则返回 false。

2．排序顺序表递归与非递归方法的实现

在如下 BSArray 类中增加方法 binarySearch，实现折半查找的递归及非递归算法。

```
public class BSArray{
    public static void print(int[] table){
        if (table!=null)
```

```
                for (int i=0; i<table.length; i++)
                    System.out.print(" "+table[i]);
            System.out.println();
        }
        public static void main(String[] args){
            int[] table ={8,17,26,32,40,72,87,99};//已按升序排序
            System.out.print("\n 已按升序排序的关键字序列: ");
            print(table);
            int key=99;
            System.out.println("折半查找  "+key+",  "+((binarySearch(table,key)==-1)?"
不":"")+"成功");
            key=25;
            System.out.println("折半查找  "+key+",  "+((binarySearch(table,key)==-1)?"
不":"")+"成功");
        }
    }
```

3. 查找的应用拓展

某公交卡管理的基本业务功能包括开卡、充值、消费等，编写程序以实现上述功能。

6.3.3 实验答案

1. 查找相关方法的实现

1）public int listIndexOf(T key)

（1）顺序表

思路：依次访问顺序表中的元素，若其值与 key 相等，则记录其位置。

代码：

```
    public int listIndexOf(T key){
        if(key==null)
```

```
            return -1;
        //定义变量 index，记录指定元素的位置，当线性表中不含指定元素时，返回-1
        int index=-1;
        for(int i=0;i<n;i++)
            if(this.element[i].equals(key))
                index=i;
        return index;
    }
```

思考：在上面代码中，将 index=i 改为 return i 是否可行？

答案：若改为 return i，则返回值为 key 的元素最先出现的位置。

时空复杂度分析：该操作需要遍历整个顺序表，所以时间复杂度为 $O(n)$，空间复杂度为 $O(1)$。

（2）单链表

思路：依次访问单链表中的元素，若其值与 key 相等，则记录其位置。

代码：

```
    public int listIndexOf(T key){
        if(key==null)
            return -1;
        //定义变量 index，记录指定元素的位置，当单链表中不含指定元素时，返回-1
        int index=-1;
        //p 为循环控制变量，从单链表首元结点开始，依次访问单链表中的元素
        Node<T> p=this.head.next;
        int i=0;                    //p 引用结点的位置，从 0 开始
        while(p!=null){
            if(p.data.equals(key))
                index=i;
            p=p.next;
            i++;
```

```
        }
        return index;
    }
```

时空复杂度分析：该操作需要遍历整个单链表，所以时间复杂度为 $O(n)$，空间复杂度为 $O(1)$。

2）public boolean removeAll(T key)

（1）顺序表

思路：依次扫描顺序表中的元素，若其值与要删除的元素的值相等，则将其删除。

代码：

```
    public boolean removeAll(T key){
        if(n==0||key==null)
            return false;
        //flag 变量用于表示是否有元素被删除
        boolean flag=false;
        int i=0;
        while(i<n)
            if(this.element[i].equals(key)){
                this.remove(i);
                flag=true;
            }else
                i++;
        return flag;
    }
```

时空复杂度分析：该操作需要遍历整个顺序表，所以时间复杂度为 $O(n)$，空间复杂度为 $O(1)$。

思考：在上述代码中，若当前元素的值与 key 相等，则将其删除，然后扫描下一个元素，然而程序中在当前元素的值与 key 不相等时才执行 i++，这是为什么？将 if 语句中的 else 删除是否可行？

答案：当第 i 个元素的值与 key 相等时，会将其删除，那么原来第 i+1 个元素的索引会变成 i，若删除 if 语句中的 else，则扫描顺序表的操作会跳过该元素，即使此元素的值与 key 相等也不会被删除，与要求不符，所以 else 不能被删除。

（2）单链表

思路：依次扫描单链表中的元素，若其值与要删除的元素的值相等，则将其删除。

代码：

```
public boolean removeAll(T key){
        if(key==null)
                return false;
        boolean flag=false;
        //p 引用要比较的元素的前驱结点，从头结点开始
        Node<T> p=head;
        while(p.next!=null)
                if(p.next.data.equals(key)){
                        p.next=p.next.next;
                        flag=true;
                }else
                        p=p.next;
        return flag;
}
```

时空复杂度分析：该操作需要遍历整个单链表，所以时间复杂度为 $O(n)$，

空间复杂度为 $O(1)$。

思考：在上述代码中，删除 else 是否可行？

答案：与前面顺序表的分析类似，若删除 else，则当单链表中存在连续多个值与 key 相等的元素时，会出现漏删某些元素的情况。

3）public boolean replaceAll(T key, T x)

（1）顺序表

思路：依次扫描顺序表中的元素，若其值为 key，则替换该元素。

代码：

```
public boolean replaceAll(T key, T x){
        if(key==null||x==null)
            return false;
        boolean flag=false;
        for(int i=0;i<this.n;i++)
            if(this.element[i].equals(key)){
                this.element[i]=x;
                flag=true;
            }
        return flag;
}
```

时空复杂度分析：该操作需要遍历整个顺序表，所以时间复杂度为 $O(n)$，空间复杂度为 $O(1)$。

思考：在上述代码中，变量 flag 的作用是什么？

答案：布尔变量 flag 用来表示顺序表中是否有元素被替换。

（2）单链表

思路：依次扫描单链表中的元素，若其值为 key，则替换该元素。

代码：

```
public boolean replaceAll(T key,T x){
        if(key==null||x==null)
            return false;
        boolean flag=false;
        //p 为循环变量，从首元结点开始
        Node<T> p=head.next;
        while(p!=null){
            if(p.data.equals(key)){
                p.data=x;
                flag=true;
            }
            p=p.next;
        }
        return flag;
}
```

时空复杂度分析：该操作需要遍历整个单链表，所以时间复杂度为 $O(n)$，空间复杂度为 $O(1)$。

2．排序顺序表递归与非递归方法的实现

1）非递归

代码：

```
public static int binarySearch(int[] value,int key){
        int begin=0,end=value.length-1;
        while(begin<=end){
            int mid=(begin+end)/2;
            System.out.print(value[mid]+"?");
```

```
                if(key==value[mid])
                    return mid;
                if(key<value[mid])
                    end=mid-1;
                else
                    begin=mid+1;
            }
            return -1;
    }
```

时空复杂度分析：在查找成功时，比较关键字的操作不超过判定树的深度，而具有 n 个结点的判定树的深度为$\lfloor \log_2 n \rfloor+1$，所以该算法的时间复杂度为$O(\log_2 n)$，空间复杂度为$O(1)$。

2）递归

代码：

```
    public static int binarySearch(int[] value,int key){
            return binarySearch(value,key,0,value.length-1);
    }
    //递归方法，在 value 数组内（下标范围为从 begin 到 end）查找 key
    private static int binarySearch(int[] value,int key,int begin,int end){
            if(begin>end)
                return -1;
            int mid=(begin+end)/2;
            System.out.print(value[mid]+"?");
            if(key==value[mid])
                return mid;
            if(key<value[mid])
```

```
            return binarySearch(value,key,begin,mid-1);
        else
            return binarySearch(value,key,mid+1,end);
    }
```

时空复杂度分析：递归的最大深度为判定树的深度，所以该算法的时间复杂度为 $O(\log_2 n)$，空间复杂度为 $O(\log_2 n)$。

3．查找的应用拓展

思路：公交卡的开卡、充值、消费等业务功能都是基于卡号进行的，可利用 B 树对卡号建立索引，从而提高查找的效率。

第 7 章

排序

7.1 排序的内容架构

排序是数据结构中的一种操作，主要包括插入排序、交换排序、选择排序和归并排序，它们大多基于顺序表存储结构。

排序的内容架构如图 7-1 所示。

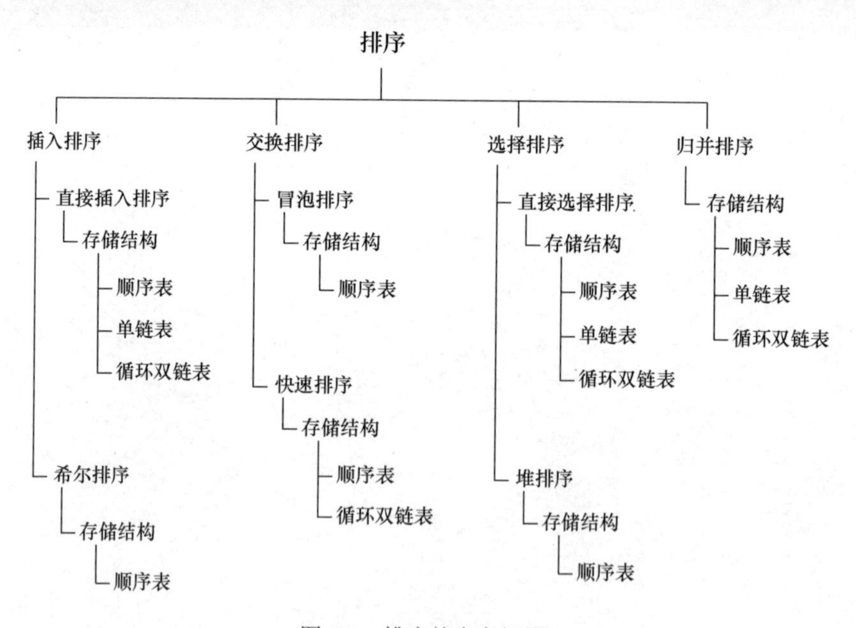

图 7-1　排序的内容架构

7.2　排序的实现比较

不同排序方法的实现比较如表 7-1 所示。

表 7-1　不同排序方法的实现比较

类	排序类 **class Array9**

列表初始化	public static int[] randomInt(int n, int size){
	//产生 n 个随机数（可重复），范围是 0～size−1
	if(n>0){
	int table[]=new int[n];
	for(int i=0;i<table.length;i++)
	table[i]=(int)(Math.random()*size);
	return table;
	}
	return null;
	}//时间复杂度为 O(n)，空间复杂度为 O(n) （申请空间的大小）

打印方法	public static void print(int[] value){
	//输出对象数组元素，静态方法
	for(int i=0;i<value.length;i++)
	System.out.print(value[i]+" ");
	System.out.println();
	}//时间复杂度为 O(n)，空间复杂度为 O(1)

直接插入排序	public static void insertSort(int[] keys) {
	for (int i=1; i<keys.length; i++) {//依次向前插入 n−1 个数
	int temp=keys[i],j; //每次将 keys[i]插入到前面排序的子序列中
	for (j=i-1; j>=0 && temp<keys[j]; j--) //升序
	//for (j=i-1; j>=0 && temp>keys[j]; j--)//降序
	keys[j+1] = keys[j]; //将前面较大的元素向后移动
	keys[j+1] = temp; //插入 temp 值
	}
	}//时间复杂度为 $O(n^2)$，空间复杂度为 O(1)

（续表）

类	排序类 **class Array9**

希尔排序	public static void shellSort(int[] keys){
	  for (int delta=keys.length/2; delta>0; delta/=2) { //每次排序后 delta 减半
	    for (int i=delta; i<keys.length; i++){
	      int temp=keys[i], j; //keys[i]是当前待插入的元素
	      for (j=i-delta; j>=0 && temp<keys[j]; j-=delta)
	        keys[j+delta] = keys[j]; //每组元素相距 delta
	      //组内直接插入排序（升序），寻找插入位置；
	      //降序为 for (j=i-delta; j>=0 && temp>keys[j]; j-=delta)
	      keys[j+delta] = temp; //插入元素
	    }
	  }
	}//时间复杂度为 $O(n^{2/3})$，空间复杂度为 O(1)

冒泡排序	private static void swap(int[] keys, int i, int j) {
	  int temp = keys[j];
	  keys[j] = keys[i];
	  keys[i] = temp;
	}//i 与 j 位置上的元素交换
	public static void bubbleSort(int[] keys, boolean asc){
	  boolean exchange=true; //是否交换的标记
	  for (int i=1; i<keys.length && exchange; i++){
	    //最多 n−1 次
	    exchange=false; //假定元素未交换
	    for (int j=0; j<keys.length-i; j++)
	      if (asc ? keys[j]>keys[j+1] : keys[j]<keys[j+1]) {
	        swap(keys, j, j+1);//调用 swap 函数
	        exchange=true; //有交换
	      }
	  }
	}//时间复杂度为 $O(n^2)$，空间复杂度为 O(1)

（续表）

类	排序类 **class Array9**

快速排序	private static void quickSort(int[] keys, int begin, int end) {
	  if (begin>=0 && begin<keys.length && end>=0 && end<keys.length && begin<end) {
	//序列有效
	    int i=begin, j=end; //i、j 下标分别从子序列的前后两端开始
	    int vot=keys[i]; //将子序列的第一个值作为基准值
	    while (i!=j){
	      while (i<j && keys[j]>=vot)
	        j--; //升序，降序是 while (i<j && vot>=keys[j])
	      if (i<j)
	        keys[i++]=keys[j];
	      while (i<j && keys[i]<=vot)
	        i++; //升序，降序是 while (i<j && keys[i]>=vot)
	      if (i<j)
	        keys[j--]=keys[i];
	    }//while
	    keys[i]=vot;
	    quickSort(keys, begin, j-1);//递归调用
	    quickSort(keys, i+1, end);//递归调用
	  }//if
	 }
	 public static void quickSort(int[] keys) {
	    //快速排序（升序）
	    System.out.println("快速排序（升序）");
	    quickSort(keys, 0, keys.length-1);
	 }//时间复杂度为 $O(n\log_2 n)$，空间复杂度为 $O(\log_2 n)$（递归的深度）

（续表）

类	排序类 **class Array9**

直接选择排序

```java
public static void selectSort(int[] keys) {
   for (int i=0; i<keys.length-1; i++){ //n−1 次排序
      int min=i;
      for (int j=i+1; j<keys.length; j++)
         if (keys[j]<keys[min])    min = j;
         //升序，min 为本次最小元素的下标；降序为 if (keys[j]>keys[min])
      if (min!=i)    swap(keys, i, min); //调用冒泡排序中的 swap 方法
   }
}//时间复杂度为 O(n^2)，空间复杂度为 O(1)
```

方法	排序的实现

堆排序

```java
private static void sift(int[] keys, int parent, int end, boolean minheap) {
   int child=2*parent+1;
   int value=keys[parent];
   while (child<=end) {
      if (child<end && (minheap ? keys[child]>keys[child+1] : keys[child]<keys[child+1]))
         child++;
      if (minheap ? value>keys[child] : value<keys[child]){
         keys[parent] = keys[child]; //将较小/大孩子结点值上移
         parent = child; //parent、child 都向下一层
         child = 2*parent+1;
      }
      else    break;
   }//while
   keys[parent] = value; //当前子树的原根值调整后的位置
}
public static void heapSort(int[] keys, boolean minheap){
   for (int i=keys.length/2-1; i>=0; i--)
        sift(keys, i, keys.length-1, minheap); //调用 sift 方法
   for (int i=keys.length-1; i>0; i--) {
        swap(keys, 0, i); //调用 swap 方法
        sift(keys, 0, i-1, minheap); //调用 sift 方法
   }//for
}
public static void heapSort(int[] keys){
   //堆排序（升序），最大堆
   heapSort(keys,true);
}//时间复杂度为 O(nlog2n)，空间复杂度为 O(1)
```

（续表）

方法	排序的实现

归并排序	Private static void merge(int[] X, int[] Y, int begin1, int begin2, int n){
	　int i=begin1, j=begin2, k=begin1;
	　while (i<begin1+n && j<begin2+n && j<X.length)
	　　　if (X[i]<X[j])
	　　　　Y[k++]=X[i++];
	　　　else
	　　　　Y[k++]=X[j++];
	　while (i<begin1+n && i<X.length)
	　　　Y[k++]=X[i++];
	　while (j<begin2+n && j<X.length)
	　　　Y[k++]=X[j++];
	}//一次归并
	private static void mergepass(int[] X, int[] Y, int n) {
	　for (int i=0;　i<X.length;　i+=2*n)
	　　　merge(X, Y, i, i+n, n); //调用 merge 函数
	}
	public static void mergeSort(int[] X) {
	　int[] Y = new int[X.length];　//Y 数组的长度与 X 数组的长度相同
	　int n=1;　//排序子序列长度，初始值为 1
	　while (n<X.length) {
	　　　mergepass(X, Y, n);　//调用 mergepass 函数
	　　　n*=2;　//子序列长度加倍
	　　　if (n<X.length) {
	　　　　mergepass(Y, X, n);　//调用 mergepass 函数
	　　　　n*=2;
	　　　}//if
	　}
	}//时间复杂度为 O(nlog₂n)，空间复杂度为 O(n)（递归的深度）

7.3 排序实验

7.3.1 实验目的

能够运用不同的排序方法实现数据的排序。

7.3.2 实验内容与步骤

本次实验的前提是按照教材[1]中的内容编写好排序类 Array9 及其中的成员函数。

1．排序相关方法的测试

编写一个 main 函数，调用 randomInt(int n, int size)方法初始化一个长度为 8、数值最大为 100 的数组，并基于该数组，实现表 7-1 中的各类排序方法。

代码举例：

```
public static void main(String[] args){
        Int [] table= randomInt(8, 100);
        System.out.print("原始数组为：");
        print(table);
        insertSort(table);
}
```

2．排序的应用拓展

某单位新进了 10 本图书，每本图书都有唯一对应的编号，编号列表为 nums=[1,9,8,5,7,10,4,3,9,5]，编写程序来确定列表中是否存在编号相同的图书。

7.3.3　实验答案

1．排序相关方法的测试

思路：基于表 7-1 所提供的类及其排序方法，编写 main 函数，进行相关排序方法的实现。

代码：

```
public static void main(String[] args) {
        int [] table = randomInt(8, 100);
        System.out.print("原始数组为：");
        print(table);
        insertSort(table);    // 直接插入排序
        table = randomInt(8, 100);
        System.out.print("原始数组为：");
        print(table);
        shellSort(table);    // 希尔排序
        table = randomInt(8, 100);
        System.out.print("原始数组为：");
        print(table);
        bubbleSort(table);  // 冒泡排序
        table = randomInt(8, 100);
        System.out.print("原始数组为：");
        print(table);
        quickSort(table);    //快速排序
        table = randomInt(8, 100);
        System.out.print("原始数组为：");
```

```
            print(table);
            selectSort(table);     // 直接选择排序
            table = randomInt(8, 100);
            System.out.print("原始数组为：");
            print(table);
            heapSort(table);    //堆排序
            table = randomInt(8, 100);
            System.out.print("原始数组为：");
            print(table);
            mergeSort(table);     //归并排序
    }
```

2. 排序的应用拓展

思路：首先，根据每本图书的编号进行排序，形成一个图书编号数组，数组中的重复元素一定出现在相邻位置上；然后，扫描已排序的数组，每次判断相邻的两个元素是否相等，如果相等，则说明存在重复的元素，即存在编号相同的图书。

代码：

```
public class test{
    public static boolean containsDuplicate(int[] nums) {
        Array9.quicksort(nums);
        int n = nums.length;
        for (int i = 0; i < n - 1; i++) {
            if (nums[i] == nums[i + 1]) {
                return true;
            }
```

```
        }
        return false;
    }
    public static void main(String[] args) {
        int [] nums = new int[] {1,9,8,5,7,10,4,3,9,5};
        System.out.print("初始关键字序列：");
        Array9.print(nums);
        boolean res = containsDuplicate(nums);
        System.out.print(res? "存在编号重复的图书":"不存在编号重复的图书");
    }
}
```

思考：如果要获得最小编号中重复的图书数量，则应如何修改程序？

答案：

```
public class test{
    public static int containsDuplicate(int[] nums) {
        Array9.quicksort(nums);
        Array9.print(nums);
        int n = nums.length;
        int count=0;
        for (int i = 0; i < n - 1; i++) {
            if (nums[i] == nums[i + 1]) {
                count++;
                i++;
                while (nums[i] == nums[i+1]){
                    i++;
                    count++;
                }
                return count+1;
```

```
                }
            }
            return 0;
        }
        public static void main(String[] args) {
            int [] nums = new int[] {1,9,8,5,7,10,4,3,9,5};
            System.out.print("初始关键字序列：");
            Array9.print(nums);
            int c= containsDuplicate(nums);
            System.out.print(c);
        }
    }
```

参考文献

[1] 叶核亚. 数据结构（Java 版）（第 4 版）[M]. 北京：电子工业出版社，2015.